《国家重任和时代机遇：西北地区高质量发展报告 2021》编写组

组　　长　耿　健　朱　波

副 组 长　易晓峰　李　铭

成　　员　张乔扬　王绍博（兰州大学）　李　壮　吴嘉玉　刘雪源

高文龙　张　轰　胡继元　董志海　陈　卓

中国城市规划设计研究院学术研究成果
中规院（北京）规划设计有限公司学术研究成果

国家重任和时代机遇
西北地区高质量发展报告
— 2021 —

中规院（北京）规划设计有限公司　编著

图书在版编目（CIP）数据

国家重任和时代机遇 ：西北地区高质量发展报告.
2021 / 中规院（北京）规划设计有限公司编著. -- 兰州:
兰州大学出版社, 2022.7
ISBN 978-7-311-06336-8

Ⅰ. ①国… Ⅱ. ①中… Ⅲ. ①区域经济发展－研究报
告－西北地区－2021 Ⅳ. ①F127.4

中国版本图书馆CIP数据核字(2022)第125211号

责任编辑　冯宜梅
封面设计　汪如祥

书　　名　国家重任和时代机遇:西北地区高质量发展报告2021
作　　者　中规院(北京)规划设计有限公司　编著
出版发行　兰州大学出版社　(地址:兰州市天水南路222号　730000)
电　　话　0931-8912613(总编办公室)　0931-8617156(营销中心)
　　　　　0931-8914298(读者服务部)
网　　址　http://press.lzu.edu.cn
电子信箱　press@lzu.edu.cn
印　　刷　兰州银声印务有限公司
开　　本　710 mm×1020 mm　1/16
印　　张　11(插页4)
字　　数　171千
版　　次　2022年7月第1版
印　　次　2022年7月第1次印刷
书　　号　ISBN 978-7-311-06336-8
定　　价　49.00元

前言

中规院近年在西北地区开展了一系列重大规划研究任务，为“中规智库”建设积累了丰富的西北经验。2020年，中规院（北京）规划设计有限公司成立了西北地区高质量发展研究中心，着手开始西北地区高质量发展的系列研究。“国家重任和时代机遇：西北地区高质量发展报告2021”是这个系列研究的开篇之作，旨在一是帮助全社会客观认识西北地区，重新发现“西北价值”；二是探索符合西北地方特色的高质量发展评价体系和方法。

鉴于此，本书分为四章。第一章从历史和现实的视角通过分析客观事实和数据来阐述西北地区在全国的重要价值，包括国家利益的战略边疆、国家生态安全的稳定器、国家能源安全的保障地、国家多元文化的汇集地、国家科技发展的重要支撑等节的内容。西北地区的重要性可以通过以下数据窥到一二：西北地区（陕西、甘肃、宁夏、青海、新疆五

省区）总面积307.9万km^2，约占国土面积的1/3；总人口8000万，仅占全国总人口的5%，其中1/3的人口为少数民族；边境线长约5600 km。

第二章从社会民生、生态安全、创新开放、文化传承等方面分析近年国家对西北地区的战略要求，总结新时期西北地区高质量发展的若干维度。十八大以来，习近平总书记对西北五省区均进行了考察，对陕西、青海、宁夏三省区考察了两次。他在新疆谈到社会稳定，在陕西谈到创新和生态，在青海谈到生态环境保护，在宁夏谈到生态保护，在甘肃谈到文化自信，这些均指向了西北地区高质量发展的内涵。

第三章基于前两章的认识，我们构建了符合西北地区特点的高质量评价体系，确定了四个评价维度：社会民生、生态安全、创新开放、文化传承。本书的研究以2018—2019年的数据为主，研究发现：①边境城市经济发展向好，民生事业稳定；②内陆城市生态安全水平相对较高，边境城市有待提升；③创新水平普遍提升，但极化于西安市；④丝绸之路沿线城市开放水平普遍较高，文化设施建设情况基本稳定，但文化市场经营状况不佳。基于以上发现，本书建议西北地区边境城市应加强生态建设，加强生物多样性保护，保持经济稳定增长，有序推进民生建设；内陆城市应当注重提升创新水平，加强政府对创新活动的战略引领，激励企业加大创新投资力度，积极引导文化市场发展，释放文化产业潜能。

第四章梳理了西北各地近年高质量发展的经验。在国家战略的指引下，各地纷纷出台相应的政策，推动了一系列项目。本书通过图和表的形式，分省区对上述行动、创新、政策等进行了梳理总结，以促进各地相关经验的交流。

各章节编写分工如下：第一章由胡继元、易晓峰、王绍博编写，第二章由李壮、刘雪源、高文龙编写，第三章由张乔扬、吴嘉玉、张轰编写，第四章由李壮、高文龙、刘雪源编写，全书由易晓峰、张乔扬、耿健统稿、定稿。

本书的出版得到了中规院（北京）规划设计有限公司张全总经理、朱波总规划师的支持和鼓励。感谢兰州大学杨永春教授、兰州财经大学田旺杰教授、甘肃省城乡规划设计研究院周晓东总规划师、西北师范大学规划院权金宗所长等专家对本书的指导。感谢兰州大学出版社的编辑为本书的出版付出的辛勤工作。

以上是我们对西北地区高质量发展研究的初步尝试，希望更多有识之士关注西北地区，共同探索西北地区高质量发展的独特模式与路径，推动国家高质量发展水平的整体提升。

编　者

2022年5月

目录

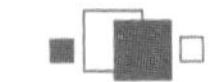

第一章 历史与现实：全国视野下的西北地区

第一节　历史更迭下的西北

1. 宋朝：缺失西北屏障的防护，因外患致使王朝二度倾覆

宋朝是中国历史上经济、文化、科技高度繁荣的时代。历史学教授杨渭先生认为："两宋三百二十年中，物质文明和精神文明所达到的高度，在中国整个封建社会历史时期内是座顶峰，在世界古代史上亦占领先地位"。经济上，两宋商品经济空前发达，咸平三年（1000年）中国GDP总量为265.5亿美元，占世界经济总量的22.7%，在工业化、商业化、货币化和城市化方面远远领先于当时的其他国家①。文化上，宋朝文化继承了唐代文化的精华，新儒学蓬勃发展，宋词大放异彩，程朱理学思想体系形成。科技上，两宋在活字印刷、火药、航海、冶金等多方面均有突出成就，处于世界领先水平。宋朝立国三百余年，政治相对开明，是唯一没有直接亡于内患的王朝，但却因外患二度倾覆，没能成为大一统的王朝。

造成宋朝疆域"积弱"的原因包括制度、军事、政策等许多因素，尤其是地理空间上的束缚始终是阻碍宋朝成为一个大国的关键因素。宋朝国土空间先后受夏、辽、金、吐蕃、西南夷等少数民族政权挤压，疆域面积仅280万km^2，现西北五省区的绝大部分地域不属于时宋朝疆域（见图1-1-1）。

没有了西北屏障，宋朝的中原核心地带，完全暴露在西夏吐蕃等少数民族政权威胁之下。宋朝一方面需要抵御辽、金国南下，另一方面需要防御西夏、吐蕃的骚扰。今西北五省区的面积比时北宋自身疆域还大，而作为中国西部的安全屏障，西北地区不仅是中原王朝的战略纵深，也是大国

①资料出处：安格斯·麦迪斯．世界经济千年史[M]．伍晓鹰，许宪春，叶燕斐，等译．北京：北京大学出版社，2003：259-261.

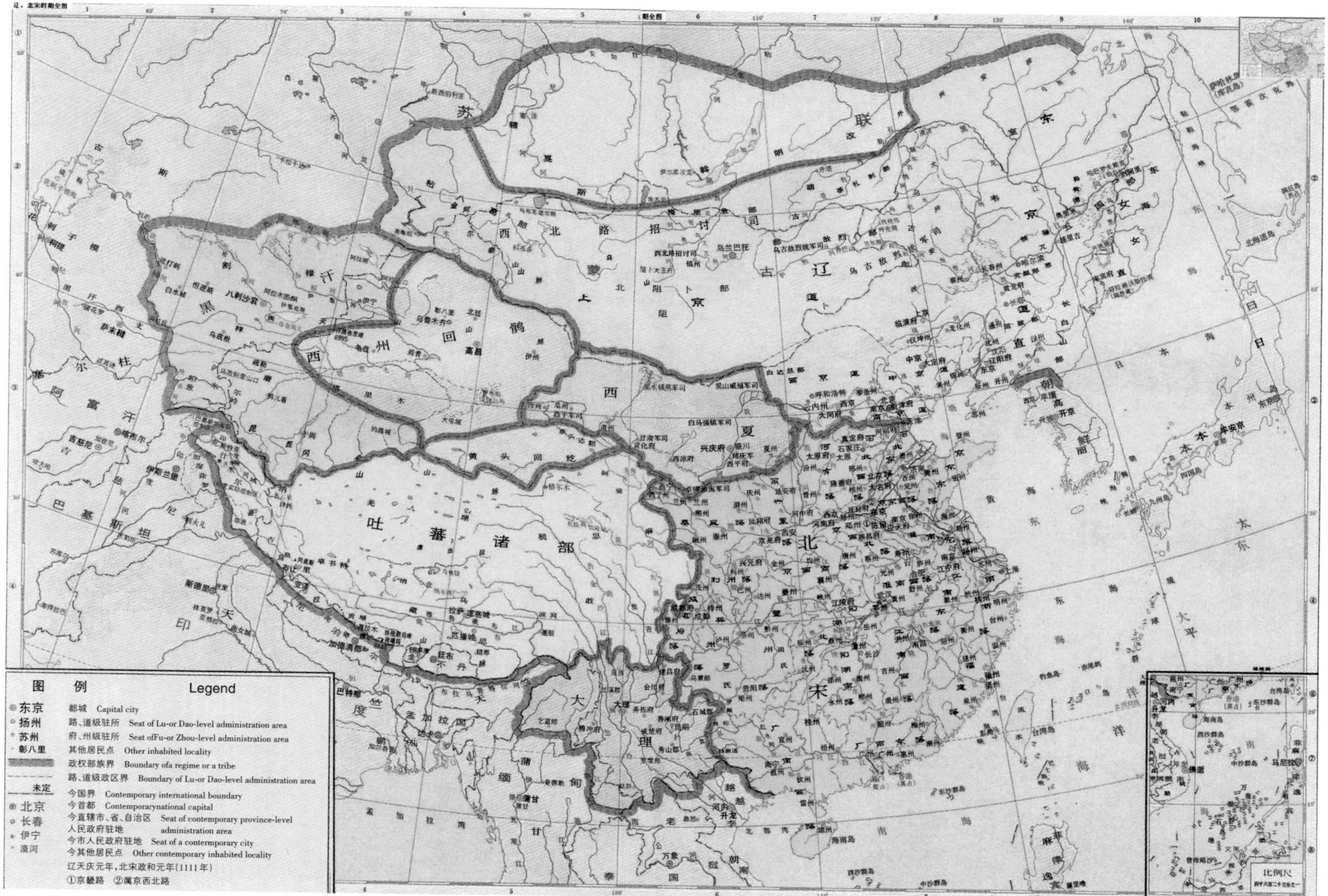

图 例 Legend

- 东京 都城 Capital city
- 扬州 路、道级驻所 Seat of Lu-or Dao-level administration area
- 苏州 府、州级驻所 Seat ofFu-or Zhou-level administration area
- 彰八里 其他居民点 Other inhabited locality
- 政权部族界 Boundary ofa regime or a tribe
- 路、道级政区界 Boundary of Lu-or Dao-level administration area
- 未定 今国界 Contemporary international boundary
- 北京 今首都 Contemporarynational capital
- 长春 今直辖市、省、自治区人民政府驻地 Seat of contemporary province-level administration area
- 伊宁 今市人民政府驻地 Seat of a contermporary city
- 漠河 今其他居民点 Other contemporary inhabited locality

辽天庆元年，北宋政和元年(1111年)

①京畿路 ②属京西北路

图1-1-1　政和元年(1111年)北宋疆域图

图片来源：谭其镶.中国历史地图集［M］.北京：中国地图出版社，1996

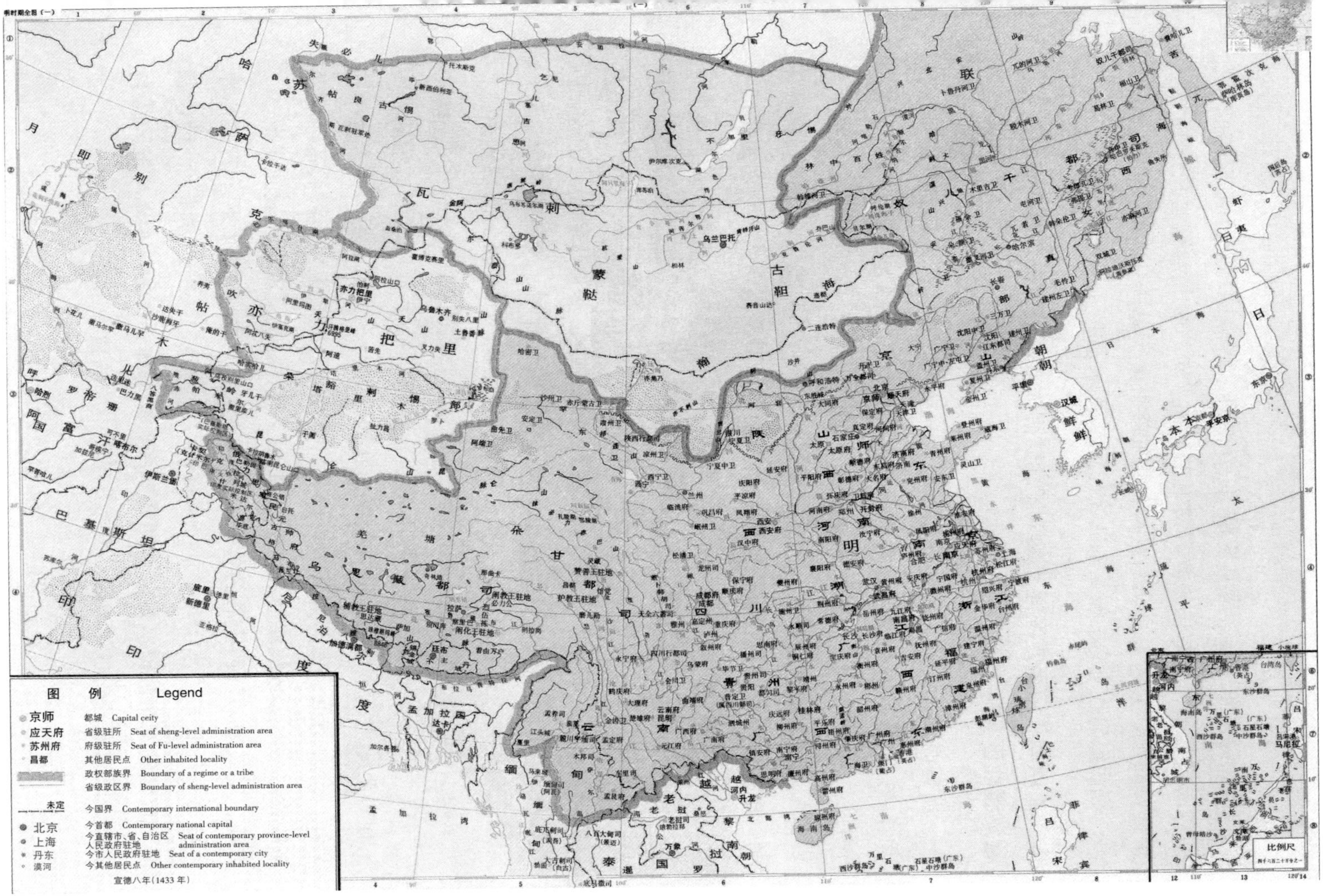

图1-1-2　宣德八年(1433年)明朝疆域政区图

图片来源：谭其镶.中国历史地图集［M］.北京：中国地图出版社，1996.

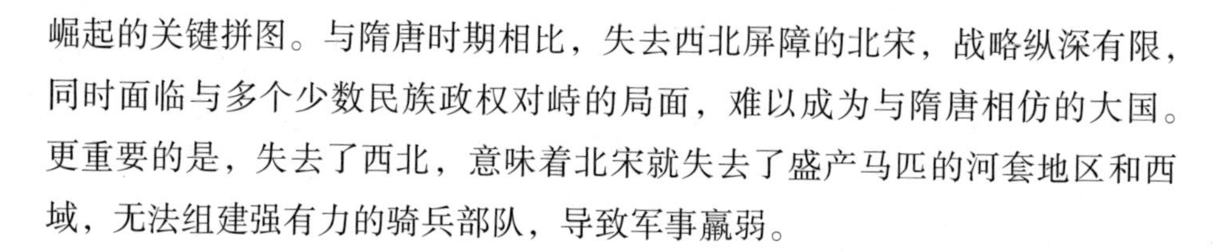
崛起的关键拼图。与隋唐时期相比，失去西北屏障的北宋，战略纵深有限，同时面临与多个少数民族政权对峙的局面，难以成为与隋唐相仿的大国。更重要的是，失去了西北，意味着北宋就失去了盛产马匹的河套地区和西域，无法组建强有力的骑兵部队，导致军事羸弱。

2. 明朝：河西走廊逐步纳入王朝防御体系，成为应对北元势力的关键战略缓冲区

明朝时期，新疆地区建立了少数民族政权，察合台汗国对新疆地区进行管辖，明政府对时西北地区的管辖主要集中在河西走廊地区（见上页图1-1-2）。由于当时北元势力强大，明王朝因地制宜，对西北边疆实行了与以往完全不同的管理办法。河西走廊以东，实行与内地完全相同的郡县体制，由陕西布政司直接管理[1]。兰州安宁堡以西至肃州是时河西走廊的核心区域，在此设立卫所制度，实行军事化的管理体制。在西北设置赤斤蒙古、罕东、安定、阿瑞、哈密、沙洲、曲先七个卫所，拱卫河西走廊的核心区，防御蒙古瓦剌的入侵，也用以防范东察合台向东扩展的势力。哈密以西，与东察合台汗帖木儿帝国等保持贡赐关系，尽量化解疆域矛盾，以减轻哈密卫的压力。此外，还在甘州设立陕西行都司，统制诸卫所，防御元朝残余势力对西北边疆的侵扰。明朝在西北构建的严密的防御体系，有力减轻了西北地区的军事压力，减轻了少数民族政权对西北地区的冲击。

由于这一时期蒙古北元势力强大，与中亚察合台汗国又形成牵制，明王朝对西北地区主要采取防守策略。在防守方针下，明王朝与察合台汗国交好，全力防范蒙古北元势力南侵。明王朝的西北政策模仿汉武帝经略西域的策略——形成战略缓冲区，通过关西七卫截断蒙古与西域的联系。一方面，明政府对河西走廊的控制，能尽可能地维持与蒙古高原和青藏高原各种势力的联系，竭力维护西北地区的安全与稳定。另一方面，河西走廊作为重要的军事战略区域，是明政府多重防御体系下的一个防御北元势力侵扰中原的关键战略缓冲区，发挥着巩固中原的独特功能。

3. 清朝：改变历代王朝西北地区行政管理的困局，将其完全纳入王朝治理版图

明末清初，准噶尔部盘踞西北地区，巅峰时期土地面积达700万 km^2，严重威胁中原王朝的统治。康熙、雍正、乾隆三朝相继用兵准噶尔部，直到乾隆时期，清王朝才彻底结束与准噶尔部的战争，统一了西域。雍正元年（1723年），和硕蒙古首领罗卜藏丹津在青海发动叛乱，雍正皇帝出兵平叛，罗卜藏丹津逃亡准噶尔，青海地区重归中央王朝治下，而罗卜藏丹津在清军平定准噶尔时被俘。自清初，沙俄就开始持续在中亚进行扩张，企图蚕食新疆地区。同治三年（1864年），清政府屈于沙俄的武力胁迫，与之签订了割占我国西北地区领土的不平等条约——《中俄勘分西北界约记》，失去了巴尔喀什湖以东、以南和斋桑泊南北44多万 km^2 的土地，但清政府与沙俄在新疆的边界确定使得新疆有史以来第一次与邻国有了明确的分界[2]，从法理上新疆纳入清朝版图的事实更加明确（见图1-1-3）。

为了有效管辖西北地区，清王朝在陕西、宁夏设立行省，对刚刚回归中央管辖的新疆采用了一系列措施进行治理。清政府总结历史教训，继承并发展了“因俗而治”的治边政策，建立起一套完善的军政合一的军府制行政管理体制，由伊犁将军统辖整个新疆地区，下设参赞大臣、办事大臣、协办大臣和领队大臣，负责各地防务和监督管理各级政权。同时对南疆各城和北疆维吾尔族聚居区实行“因俗而治”，废除父子相继的体制，凡官员皆由朝廷指派，委任伯克为当地的行政长官。在新疆东部汉族、回族聚居区实行与中原基本相同的府县制管理制度[3]。1875年在新疆地区设立行中书省后，全省推行府县制。宗教上，坚持政教分离，减轻宗教对新疆社会潜移默化的影响，维护社会安定。法律上，根据天山南北各民族习俗差异制订了一系列政治、经济、宗教、文化方面的相关法规和制度，保证政令畅通，政策有法可依。军事上，重兵驻防，实行换防制。经济上，实行屯田移民，调整税赋政策，减轻百姓负担。经过清政府的治理，新疆与内地

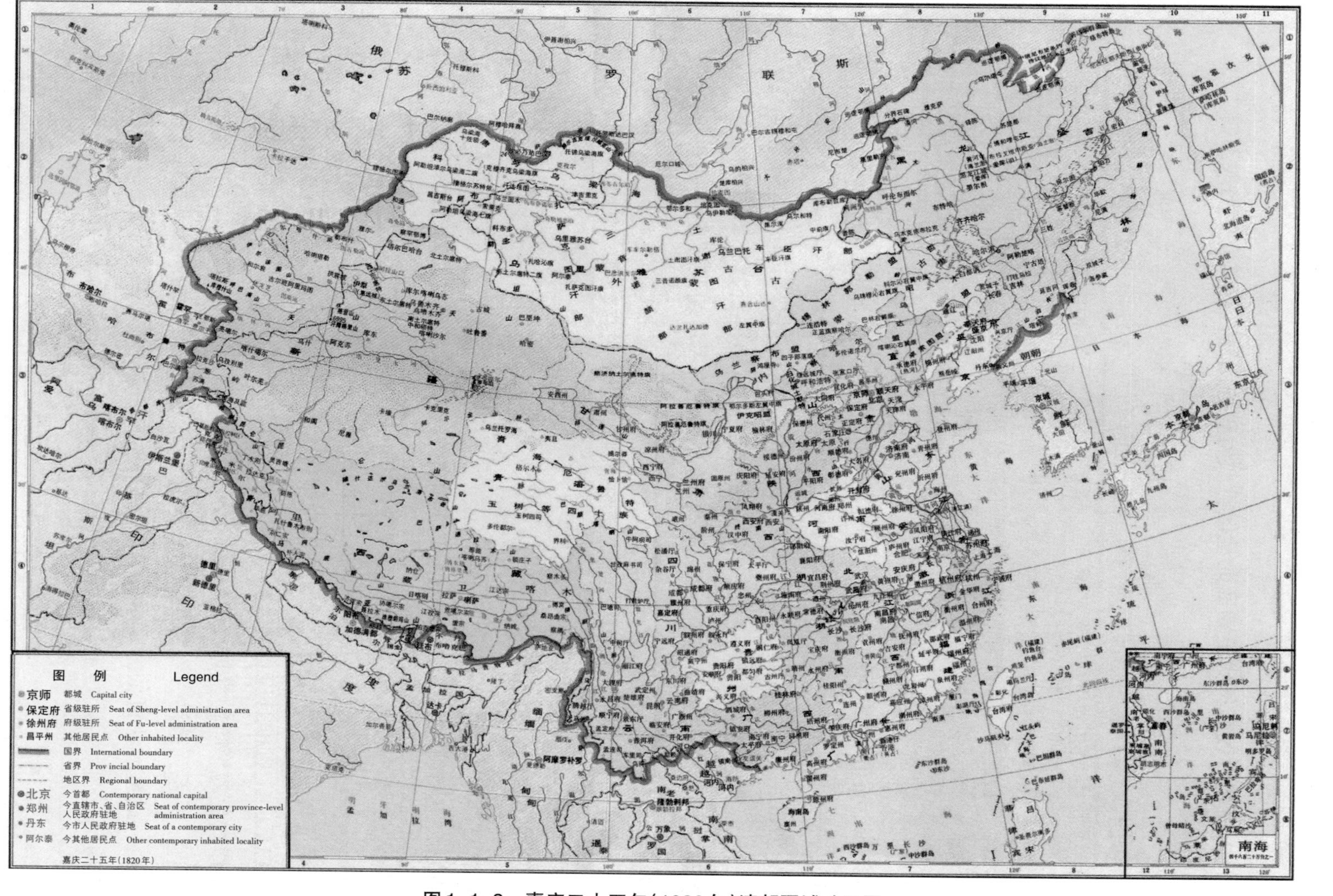

图1-1-3　嘉庆二十五年(1820年)清朝疆域政区图

图片来源：谭其镶.中国历史地图集［M］.北京：中国地图出版社，1996.

图1-1-4 光绪三十四年(1908年)清朝疆域政区图

图片来源：谭其镶.中国历史地图集［M］.北京：中国地图出版社，1996.

一体化进程加快，整个西北地区完全纳入清朝治理版图（见上页图1-1-4）。

4.民国：民族即边疆，事实上的割据

民国初期，中国社会正处于落后的半殖民地半封建社会向现代社会转型之际。西北地区的甘肃、宁夏、青海、新疆是我国多民族聚居的主要区域之一，也是与苏联、中亚等国家和地区接壤的边疆地区。政局上看，国民党统治初期，政局动荡，中央政府和冯玉祥决战中原，然后集中精力围剿共产党，无法强力控制西北地区的军阀，使得西北的军阀获得了割据的契机[4]。为了遏制共产党在西北地区的发展，国民党积极拉拢西北马系军阀，推动西北军阀反共，西北军阀借此机会扩充军事实力，增强割据。在此背景下，马麒、马步芳率领的青海马家军逐步控制了青海，马鸿宾、马鸿逵率领的宁夏马家军逐步控制了宁夏，新疆先后被军阀马仲英、盛世才控制。这些西北军阀名义上听命中央，实际上控制地方，支配着西北边疆的政治格局。

5.当代中国：真正进入国家治理体系

1949年以后，中央政府根据大杂居、小聚居的民族分布格局，少数民族社会经济发展不平衡，少数民族地区的历史传统等现实情况，实行民族区域自治制度。在西北地区设立了新疆维吾尔自治区、宁夏回族自治区，并在青海、甘肃的少数民族聚居地区设立民族自治州或民族自治县。在中央政府统一领导下，少数民族地区设立自治机关，进行区域民族自治。民族区域自治制度一方面保障了少数民族人民当家作主的权利，另一方面建立了平等团结互助和谐的社会主义民族关系。在民族区域自治制度下各民族享有平等的法律地位，中央政府大力支持西北民族地区发展，积极推动民族区域自治制度完善，西北民族地区进入了现代国家治理阶段。

第二节　国家利益的战略边疆

1. 国家尺度：战略边疆与地缘枢纽

《宋史》指出“自古中兴之主，起于西北，则足以据中原而有东南，起于东南，则不能以复中原而有西北”[5]。西北地区内连中部地区，外接中亚、南亚和俄罗斯，从古至今都是中华民族崛起的中兴之地。西北五省区的陆地面积占全国陆地面积的31.7%，其提供的内陆纵深使中国有了广阔的战略纵深空间。经济上，西北五省区是中国经济发展重要的组成部分。资源上，西北地区蕴藏着丰硕的石油、天然气、煤炭等战略性资源。地形上，西北地区的高大山脉屏障，维护了中国和平崛起的生存空间。地缘上，西北地区作为欧亚大陆“心脏地带”的一部分，构成了中国国家安全的重要屏障。毫无疑问，西北地区对中国的意义并不亚于西伯利亚对俄罗斯、阿拉斯加州对美国的意义。作为中国的重要组成部分，西北地区不仅是中国的战略边疆，也是中国进入欧亚大陆腹地的枢纽。中国西北地区与美国阿拉斯加州、俄罗斯西伯利亚的比较分析见表1-2-1。

表1-2-1　中国西北地区与美国阿拉斯加州、俄罗斯西伯利亚的比较分析

地区	土地面积占比	人口占比	重要资源	地缘价值
中国西北地区	31.7%	7.39%	石油、天然气、煤	西北安全屏障
美国阿拉斯加州	20%	0.23%	石油、天然气、森林	军事上包围加拿大，牵制俄罗斯
俄罗斯西伯利亚	75%	17%	石油、天然气、煤炭	北冰洋沿岸大国

首先，我国西北地区边境线漫长，超过了5000 km，同蒙古、俄罗斯、哈萨克斯坦、吉尔吉斯斯坦、塔吉克斯坦、阿富汗等多个国家和地区直接接壤，是国家国防战略要地。西北高大的山脉和广阔的战略纵深，在国防上形成重要的安全屏障。西北地区是我国维护国家边疆安全、抵制外国势力渗透的战略要地[6-10]。从战略纵深来看，发展西北地区，建设丝绸之路经济带、亚欧大陆桥可以使中国形成“沿海—内陆—沿边”全方位开放新格局，提升中国向西开放发展水平，拓展中国的战略空间；从社会经济发展来看，自1999年西部大开发战略实施以来，国家不断加大对西北地区的扶持力度，西北地区基础建设和社会经济发展水平有了显著提升，西北五省区年均经济增长速度常年高于全国平均水平，有望形成中国经济的新增长极；从能源安全来看，西北地区能源储量丰富而消费量小，是中国重要的能源基地、能源输出地和能源大通道，其与中亚国家连通的油气管道已成为稳定我国能源供应重要工程；整体来看，西北地区是维护国防安全、拓展战略纵深、发展社会经济、稳定能源供应的综合国家利益的战略要地。

西北地区作为向西开放的大通道，依托亚欧第二大陆桥，连接了中亚、欧盟、俄罗斯等重要经济体，是中国与中亚国家、西亚国家、俄罗斯、蒙古国开展经济合作的战略高地。作为交通枢纽，西北地区是中欧班列、中国—中亚油气管道的必经之地。在地区合作上，西北地区的地缘优势使得其充当了我国与中亚国家、西亚国家政治经济文化联系的大通道，中国—中亚经济走廊、中巴经济走廊、陆上丝绸之路经济带等战略离不开西北地区的支撑。西北地区自古就是中华文化、中亚文化、西亚文化交流汇聚之地，古丝绸之路文化的璀璨光芒曾照耀广大的西域地区。“一带一路”倡议继承着古丝绸之路的文化内核，受到西北各省区的热情响应，各地相继打造丝绸之路文化传播的大通道（如表1-2-2所示）。

随着“一带一路”倡议持续推进，西接欧洲经济圈，东连亚太经济圈的亚欧大陆有望成为世界第三大贸易轴心地带，而西北地区恰好处于亚欧大陆贸易轴心地带的节点位置。这使得西北地区具备建立面向中亚、西亚、南亚乃至欧洲的区域性国际商贸中心、交通枢纽、文化高地的优势条件。

表 1-2-2　西北五省区在丝绸之路经济带中的定位

省区	定位
新疆	丝绸之路经济带的桥头堡
甘肃	丝绸之路经济带的黄金段
青海	丝绸之路经济带的战略基地和重要支点
宁夏	丝绸之路经济带的重要战略支点
陕西	丝绸之路经济带的新起点

尤其是我国西北地区位于东西（美国、日本、中国、俄罗斯、欧盟）、南北（俄罗斯、中亚、印度）两条地缘政治轴的十字交叉点上，具有极其重要的地缘政治区位条件（如图1-2-1）。从东西方向看，我国西北地区西侧是欧盟、俄罗斯，东侧是日本、美国，处于最有影响力的发达国家的横轴中心

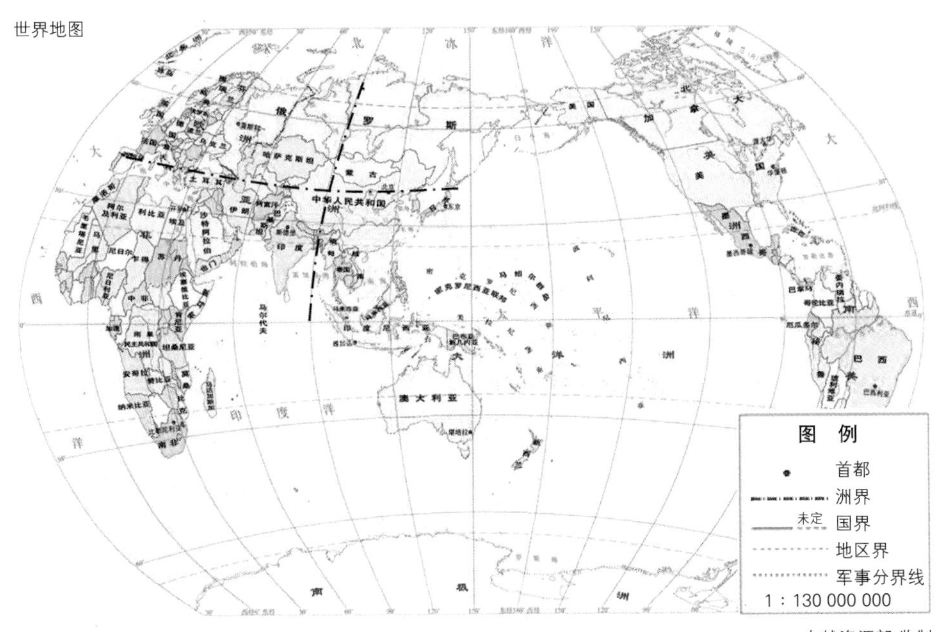

图 1-2-1　全球地缘政治轴

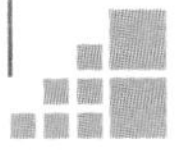

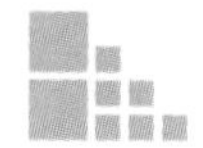

点，是影响世界的地缘枢纽。从南北方向看，我国西北地区处于俄罗斯、中国和印度三个区域性大国影响范围的接合部位，并将地处亚欧大陆腹地的中亚五国与印度洋上的出海口连接起来，极具地缘战略价值。

作为地缘枢纽的西北，是东西方文化交流的桥头堡与多种文明交汇的集散地，是丝绸之路经济带核心区、黄金段、战略支点，是我国西部大开发战略、向西开放战略的重点地区，对中国战略纵深、国防安全、经济建设、对外交流具有深远影响，是我国民族和谐关系构建的重点地区，也是我国应对美国东南方向包围战略的突破方向。地处亚欧大陆腹地的西北地区，是陆权国家对抗海权国家的核心地区，在东西向上遏制欧美海洋大国地缘影响力的扩张，在南北向上阻隔印度洋大国和北冰洋大国的势力串联，为我国和平崛起塑造更加广阔的地缘空间。

2.中亚尺度：大通道、桥头堡

西北地区陇海—兰新线流通大通道是新亚欧大陆桥的一部分。新亚欧大陆桥全长10 900 km，东起连云港由中哈边境的阿拉山口出境，最终抵达荷兰鹿特丹港，连接欧洲和东亚两个经济圈，辐射世界30多个国家和地区。作为第二亚欧大陆桥的骨干通道，西北地区是我国联结西亚、中亚、南亚乃至欧洲的前沿。新疆是丝绸之路经济带上重要的交通要道。青海、甘肃、陕西、宁夏是丝绸之路经济带面向中亚、南亚、西亚国家的交通通道、商贸物流枢纽、重要产业和人文交流基地。根据《“十三五”现代综合交通运输体系发展规划》，规划以新疆为核心区，以乌鲁木齐、喀什为支点，发挥陕西、甘肃、宁夏、青海的区位优势，连接陆桥和西北北部运输通道，逐步构建经中亚、西亚分别至欧洲、北非的西北国际运输走廊[11]。此外，西北地区是中国—中亚天然气管道重要的途径地区，也是国际能源大通道。

西北地区具有沿边的独特区位优势，建有内陆开放型经济试验区、重点开发开放试验区、沿边国家级口岸、边境经济合作区等开放高地（见表1-2-3）。各省区正向中国向西开放的桥头堡转变。在“一带一路”倡议助推下，新疆筹备建设丝绸之路经济带核心区，打造中国向西开放的重要门户。宁夏实施开放引领战略，主动融入国家“一带一路”建设，努力打造辐射西部、面向全国、融入全球的内陆开放型经济试验区和丝绸之路经济带战略支点[12]。甘肃全面提升开放型经济发展水平，建设向西开放的重要门户。陕西培育全面开放竞争新优势，打造内陆改革开放新高地。青海拓展对外合作空间，构建全方位、多层次、高水平对外开放新格局。西北地区正成为面向中亚、西亚、南亚开放的“桥头堡”。

表1-2-3　西北沿边开放重点地区

开放类型	开放地区
内陆开放型经济试验区	宁夏
重点开发开放试验区	塔城
沿边国家级口岸	铁路口岸：霍尔果斯、阿拉山口 公路口岸：红其拉甫、卡拉苏、伊尔克什坦、吐尔尕特、木扎尔特、都拉塔、霍尔果斯、巴克图、吉木乃、阿黑土别克、红山嘴、塔克什肯、乌拉斯台、老爷庙、马鬃山
边境经济合作区	伊宁边境经济合作区、博乐边境经济合作区、塔城边境经济合作区、吉木乃边境经济合作区
跨境经济合作区	中哈霍尔果斯国际边境合作中心

资料来源：张国坤，赵玲，张洪波.中国边境口岸体系研究［J］.世界地理研究，2005（02）：20-24.

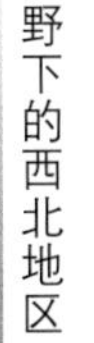

第三节　国家生态安全的稳定器

一、地理特征：巨尺度的荒野，小尺度的人居

西北地区面积广阔，地形复杂，域内有天山山脉、阿尔金山脉、祁连山脉、昆仑山脉、阿尔泰山脉、河西走廊、准噶尔盆地、柴达木盆地、帕米尔高原、青藏高原等山地、盆地和高原。多种地形使得域内地势起伏较大，区域内最高点为世界第二高峰喀喇昆仑山乔戈里峰，海拔8611 m；最低点为吐鲁番盆地艾丁湖，湖面低于海平面154.31 m。准噶尔盆地、塔里木盆地和柴达木盆地三大盆地的平均海拔在1000 m左右，柴达木盆以2600～3000 m的平均海拔成为中国海拔最高的盆地。宁夏平原面积不大，海拔在900～1200 m，域内尽管气候干旱，但由于位于黄河沿岸，水源充沛，地形平坦利于建设水利工程，故引黄灌溉，灌溉农业发达，加之光照条件优越，是西北有名的“塞上江南”[13-18]。

西北地区邻近青藏高原，受亚欧板块和印度洋板块碰撞产生的构造作用强烈，构造地貌复杂，加之西北地区东西横跨近40个经度，一级地貌、二级地貌、三级地貌差异显著（见表1-3-1）。在整个一级地貌上，西北可划分为北部高中山平原盆地区、西南中高山地区、青藏高原区三大区块[19-23]。

表1-3-1　西北地区地貌区划

一级地貌	二级地貌	三级地貌
北部高中山平原盆地	河套、鄂尔多斯中平原	1.河套中冲积平原
		2.鄂尔多斯中平原
	黄土高原	1.陕北黄土塬、墚、峁
		2.汾渭低洪冲积平原台地

续表1-3-1

一级地貌	二级地貌	三级地貌
北部高中山平原盆地	黄土高原	3.六盘山中起伏高中山
		4.陇中中、小起伏中高山黄土梁、峁
	新甘中平原	1.阿拉善中丘陵风蚀平原
		2.马鬃山小起伏中山丘陵
		3.河西中冲积洪积平原
		4.吐哈中低冲积洪积平原
		5.噶顺戈壁中丘陵
	阿尔泰山高中山	阿尔泰山高中山
	准噶尔低盆地	1.准噶尔东部中丘陵平原
		2.乌伦古额尔齐斯低冲积平原
		3.准噶尔冲积及风积平原
		4.准噶尔南缘小起伏中山平原
		5.准噶尔界山小起伏中山
	天山高山盆地	1.北天山极大起伏高山
		2.中天山高山盆地
		3.南天山极大起伏高山
		4.焉耆中山盆地
	塔里木盆地	1.拜城前山中盆地
		2.塔里木和下游低冲积湖积平原
		3.塔克拉玛干风积沙丘
		4.塔里木南苑中冲洪积台地平原
		5.柯坪千山中盆地
		6.喀什洪冲积中平原
西南中高山地	秦岭大巴山高中山	1.豫西汉中中山谷地
		2.秦岭大起伏高中山
		3.大巴山大起伏中山

表1-3-1

一级地貌	二级地貌	三级地貌
青藏高原	阿尔金山祁连山高山山原	1. 北祁连山大起伏高山宽谷
		2. 南祁连山中、大起伏高山宽谷盆地
		3. 阿尔金山大起伏高山极高山
	柴达木—黄湟高中盆地	1. 黄湟高中河谷盆地
		2. 黄南中、大起伏高山盆地
		3. 鄂拉山大起伏高山
		4. 柴达木高中盆地
	昆仑山极大、大起伏极高山	1. 东昆仑大起伏高山
		2. 博卡雷克山中、大起伏极高山、高山宽谷
		3. 库木布彦大、中起伏高山湖盆
		4. 西昆仑山极大起伏高山极高山
	江河上游中、大起伏高山谷地	1. 若尔盖中、小起伏高中山原谷地
		2. 江河上游中、大起伏高山山原
		3. 怒江上游中、大起伏高山
	江河源丘状高山原	1. 黄河源丘状山原盆地
		2. 长江源中、小起伏高山丘陵宽谷盆地
		3. 唐古拉山中、大起伏极高山
	羌塘高山湖盆	1. 可可西里丘状高原湖盆
		2. 南羌塘中起伏高山湖盆
		3. 东喀喇昆仑山大、中起伏高、极高山湖盆
	喀喇昆仑大、极大起伏极高山	喀喇昆仑大、极大起伏极高山

资料来源：王静爱，左伟．中国地理图集［M］．北京：中国地图出版社，2010.

西北地区气候干旱，自然环境复杂多样，高寒区与干旱区相依并存，黄土高原与青藏高原阶梯相连，内陆河流与大漠相伴，水土流失、土地荒漠化、草场退化等生态问题在本区广泛存在，生态环境十分脆弱（如图1-3-1）[24]。根据生态脆弱区的类型划分，西北地区有林草交接类脆弱区、农牧交错类脆弱区、荒漠绿洲类脆弱区、草原沙漠类脆弱区、高原复合类脆弱区5种类型的生态脆弱区。

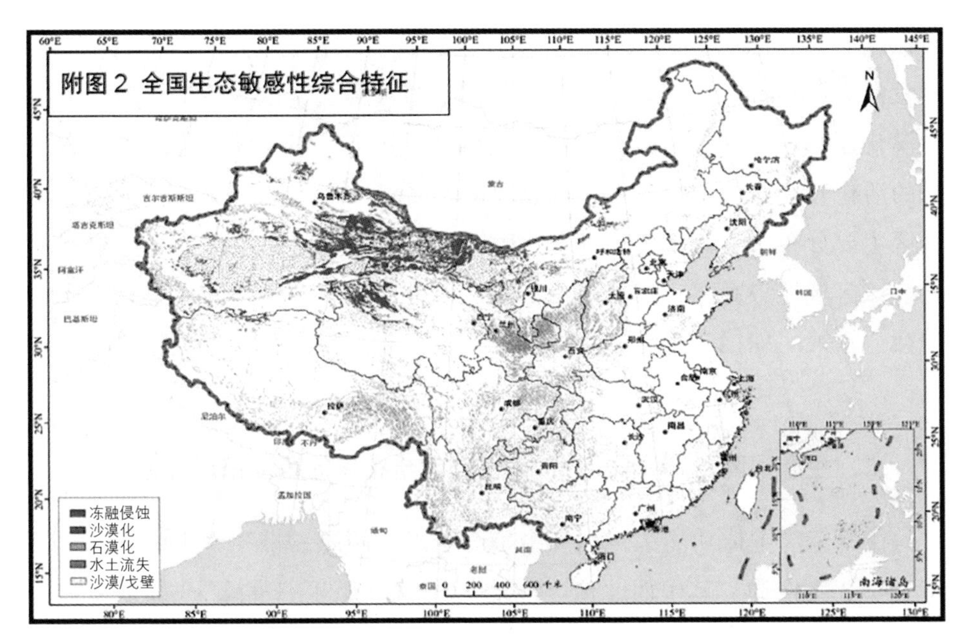

图1-3-1 全国生态敏感性综合特征

图片来源：《全国生态功能区划》（修编版），中华人民共和国环境保护部（现生态环境部）和中国科学院于2015年发布.

西北林草交接类脆弱区主要包括陕西、甘肃南部等地区，属于半湿润森林草原带向半干旱草原带过渡的地区，降水量少是该区的主要限制因素。该区域生态过渡带特征明显，群落结构复杂，环境异质性大，对外界反应敏感。西北农牧交错生态脆弱区主要分布在陕西、甘肃、宁夏的干旱半干旱草原区，除大气降水外，灌溉水源不足是该区的主要限制因素。该区域气候干旱，水资源短缺，土壤结构疏松，植被覆盖度低，容易受风蚀、水蚀和人为活动的强烈影响。西北荒漠绿洲交接生态脆弱区主要分布于河套平原及贺兰山以西、新疆天山南北广大绿洲边缘区，地下水出露量、冰川融水补给量对该区影响重大。该区域是典型的荒漠绿洲过渡区，呈非地带性岛状或片状分布，环境异质性大，自然条件恶劣，年降水量少、蒸发量大，水资源极度短缺，土壤瘠薄，植被稀疏，风沙活动强烈，土地荒漠化严重。西北草原沙漠类脆弱区主要指草原退化和土地沙化地区，大气降水

对该区影响强烈。该区域环境异质性大、自然条件恶劣、年均降水量少、蒸发量大，水资源极度短缺、土壤贫僻、植被稀疏、风沙活动强烈、土地沙漠化严重。在干旱风蚀作用和人类活动干扰下，极易导致边缘带固定沙丘的活化和耐沙植物的死亡，造成沙化入侵[25]。西北高原复合侵蚀生态脆弱区主要分布于青海三江源地区，海拔高导致的低温是该区的主要限制因素。该区域地势高寒，气候恶劣，自然条件严酷，植被稀疏，呈有明显的风蚀、水蚀、冻蚀等多种土壤侵蚀现象，是我国生态环境十分脆弱的地区之一[26]。

二、生态屏障："两屏三带"为生态安全布局的重要组成部分

在《全国主体功能区规划》中确立了以"两屏三带"为主体的国家生态安全战略格局。其中西北地区涉及"青藏高原生态屏障""黄土高原—川滇生态屏障""北方防沙带"三大生态安全屏障区，足见其生态安全屏障地位十分重要。青藏高原生态屏障区地形以高原为主，是我国部分大河——长江、黄河以及国际性河流澜沧江等重要河流的发源地，地跨青海的大部分地区，甘肃、新疆的部分地区，是重要水源涵养区和生物多样性保护关键地区。黄土高原—川滇生态屏障地跨宁夏的大部分地区，陕西、甘肃中北部和青海东北部，该区靠近冬季风源地，水土流失严重，风沙多发，是土壤保持、防风固沙的重要地区。北方防沙带地跨新疆、甘肃东北部，宁夏、陕西北部，该区气候干旱、土壤贫瘠、次生盐渍化严重、植被覆盖率低，是我国风沙策源地和灾害严重区。北方防沙带已成为我国防范风沙的关键屏障。

根据《全国生态功能区划》，西北五省区有15个重要的生态功能区，其主要在水源涵养、生物多样性保护、防风固沙三个生态功能方面有重要意义（如表1-3-2）。新疆的阿尔泰山、天山、昆仑山、阿尔金山海拔高，有季节性冰雪融水，是重要的水源涵养区。准噶尔盆地与塔里木盆地气候干旱，有沙漠分布，靠近冬季风源地，为重要的防风固沙区。甘肃南部地区以及祁连山地区是我国重要的水源涵养区，东部黄土高原对土壤保持十分

表1-3-2　西北地区涉及的全国重要生态功能区

序号	重要生态功能区名称	省区	水源涵养	生物多样性保护	土壤保持	防风固沙	洪水调蓄
1	甘南山地水源涵养重要区	甘肃	++	+			
2	三江源水源涵养与生物多样性保护重要区	青海	++	++		++	
3	祁连山水源涵养重要区	甘肃、青海	++	+	+	++	
4	天山水源涵养与生物多样性保护重要区	新疆	++	++		+	
5	阿尔泰山地水源涵养与生物多样性保护重要区	新疆	++	+		+	
6	帕米尔—喀喇昆仑山地水源涵养与生物多样性保护重要区	新疆	++	++	+		
7	秦岭—大巴山生物多样性保护与水源涵养重要区	陕西、四川	++	++	++		
8	岷山—邛崃山—凉山生物多样性保护与水源涵养重要区	甘肃、四川	++	++	++		
9	藏西北羌塘高原生物多样性保护重要区	青海		++		++	
10	阿尔金山南麓生物多样性保护重要区	新疆		++		++	
11	西鄂尔多斯—贺兰山—阴山生物多样性保护与防风固沙重要区	宁夏、内蒙古	+	++		++	
12	准噶尔盆地东部生物多样性保护与防风固沙重要区	新疆		++		++	
13	准噶尔盆地西部生物多样性保护与防风固沙重要区	新疆		++		++	
14	黄土高原土壤保持重要区	陕西、甘肃、宁夏、山西等	+	+	++	+	
15	塔里木河流域防风固沙重要区	新疆				++	

注：+表示该项功能较重要；++表示该项功能极重要。

资料来源：全国生态功能区划（修编版）2015

重要。宁夏贺兰山东麓地区是生物多样性与防风固沙的重要区域。陕西省位于黄土高原中部，北接鄂尔多斯高原，对土壤保持、防风固沙具有重要意义，陕南的秦岭是生物多样性保护的重要地区。青海的三江源地区、祁连山、柴达木盆地、青海湖流域、湟水河流域是我国重要的生物多样性保护和水源涵养区。

三、水源涵养区：我国重要的水安全保障地

地处西北五省区的祁连山、阿尔泰山、天山、昆仑山等山脉是黄河、塔里木河、喀什噶尔河、伊犁河、柴达木河等河流的发源地，其在涵养水源方面具有重要的功能。以位于青海省东北部与甘肃省西部边境的祁连山为例，祁连山区是青海和甘肃两省的关键水源涵养区。源自祁连山的布哈河流入青海湖，是青海湖盆地最大的河流。青海省的祁连山、昆仑山、巴颜喀拉山、唐古拉山等终年积雪，冰川面积约52.8万hm^2，年平均融水量为35.9亿m^3，孕育了黄河、澜沧江、通天河等众多河流。青海省的三江源地区河流密布，湖泊、沼泽众多，雪山冰川广布，是世界上海拔最高、面积最大、河湖分布最集中的地区之一，每年向下游供水600多亿m^3，是长江总水量的25%、黄河总水量的49%、澜沧江总水量的15%，已成为中国乃至亚洲重要的生态屏障和水源涵养区[21]（如图1-3-2）。

四、生物基因库：珍稀物种的重要栖息地

野生动植物资源具有重要的生态、经济、科研和美学价值，直接或间接地为人类提供药用价值等。野生动植物的保护和合理利用对维护中国粮食与生态安全有重要意义。

首先，西北地区面积辽阔，地带性差异明显，区域内的植被具有明显的地带性差异，且植被类型多样。在低纬度、温度较高的区域分布有常绿针叶林，比如宁夏的针叶林和新疆境内阿尔泰山山地的泰加林；在纬度较高的区域分布有落叶阔叶林；在海拔较高的区域分布有高山灌木、针叶林等；此外还有草本植被和稀疏植被等；整体植被较为稀疏，自然景观从西

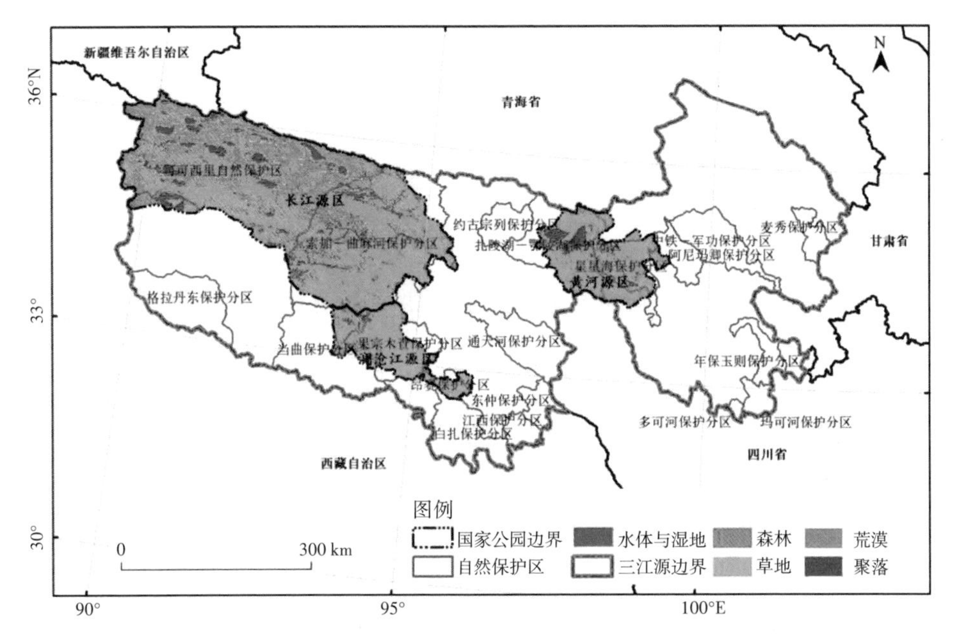

图1-3-2　三江源国家公园[20]

到东依次为高原、荒漠、荒漠草原、草原、耕地[22]。

其次，西北地区动物资源丰富，是许多野生动物、珍稀动物的栖息地和迁徙的中转站。在陕西省和甘肃省境内的岷山和秦岭等山系一带分布着国家一级保护动物大熊猫。在陕西的宁陕县和甘肃的山林中，金丝猴结群生活。在西北高原地区分布着许多珍稀动物，如羚牛、藏羚羊等。西北地区是全球鸟类洲际迁徙的重要区域，在全球9条鸟类迁徙路线中，有3条迁徙路线途径本地区。西北地区位于中亚迁徙线的核心，也是西亚—北非迁徙线和东亚—澳大利西亚迁徙线的重要节点，其中新疆是中亚迁徙线的主要停留地，陕西是东亚—澳大利西亚迁徙线的重要停歇点，为鸟类的生存栖息提供了有利环境[23]。区域内有丹顶鹤、朱鹮等濒危物种，也有大天鹅、黑鹳等种群数量可观的物种。黑颈鹤在春季多栖息在青海的嘉塘草原，而且数量呈逐年增多趋势，2020年已达700多只。显然，西北地区作为我国众多珍稀物种的栖息地、停留地，已成为中国重要的生物基因库。

第四节　国家能源安全的保障地

一、能矿基地：我国重要的矿产资源供给基地和清洁能源开发基地

西北地区境内分布有多条巨型成矿带，矿产资源丰富（见表1-4-1），同时有色金属等我国长期紧缺的矿种储量也相对较大。目前，西北已发现矿种130多种，其中已探明储量居全国第一的有30种，储量占全国50%左右的有12种。甘肃的镍储量占全国的62%，铂储量占全国的57%。青海的钾盐储量占全国的97%。内蒙古包头市因稀土储量丰富被誉为世界稀土之都，其辖区内白云鄂博矿区蕴藏着占世界已探明总储量41%以上的稀土矿物[27]。凭借西北地区丰富的矿产资源，特别是国家经济建设急需的诸如石油、天然气、煤炭，以及铜、镍、铅、锌等有色金属和贵金属矿产（见下页图1-4-1、图1-4-2、图1-4-3、图1-4-4），西北地区作为全国能源、原

表1-4-1　西北地区优势矿产资源储量(截至2016年)

矿产	全国储量	西北五省区的储量	占比
石油储量(万t)	289 242.20	136 898.30	47.33%
天然气储量(亿m³)	49 278.22	20 001.19	40.59%
煤炭储量(亿t)	2 492.27	402.40	16.15%
铬矿储量(万t)	407.18	187.78	46.12%
钒矿储量(万t)	951.77	119.66	12.57%
铜矿储量(万t)	2 620.98	395.18	15.08%
铅矿储量(万t)	1 808.62	262.87	14.53%
锌矿储量(万t)	4 439.11	699.48	15.76%

数据来源：EPS数据库

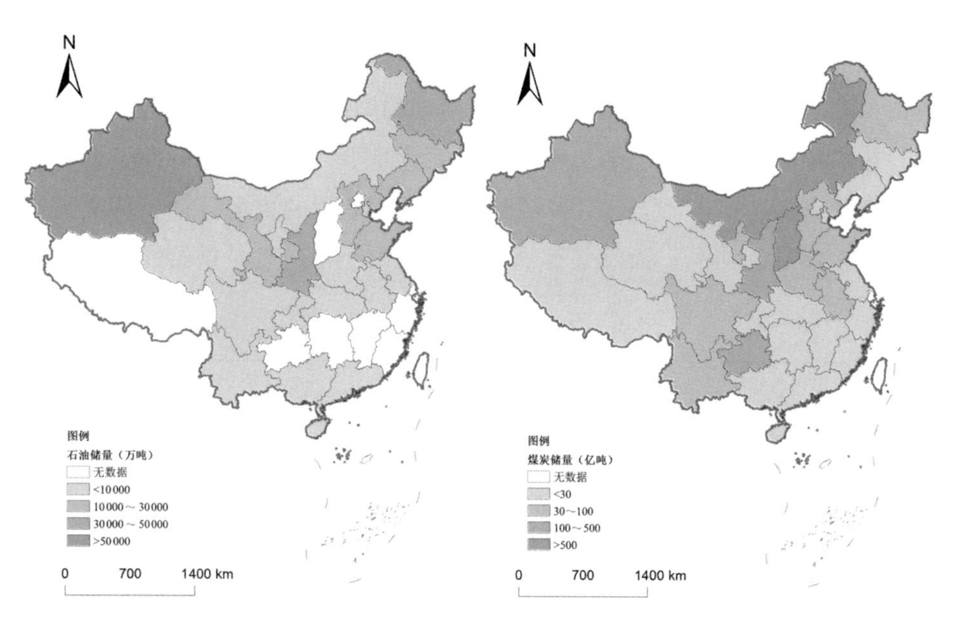

图1-4-1　石油储量(万t)2016

图1-4-2　煤炭储量(亿t)2016

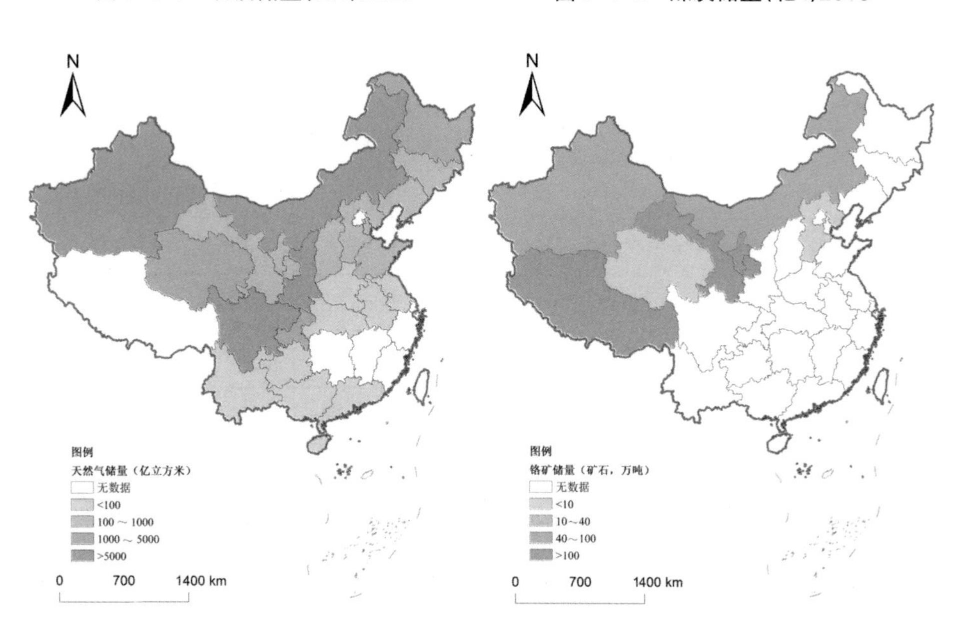

图1-4-3　天然气储量(亿 m^3)2016

图1-4-4　铬矿石储量(万t)2016

图1-4-1至图1-4-4审图号:GS(2019)1822号

材料基地的地位进一步强化。为应对国家对经济矿种的需求，西北地区因矿而建的城镇数量可观，诸如煤城铜川，铜城白银，镍都金昌，油城克拉玛依，矿产资源开发也不断推动着西北地区的城镇化进程。

在国家层面能源供求缺口不断拉大的背景下，西北多种能源呈现明显的供大于求的特征[28-30]。表1-4-2展示了主要能源的供需特征。从全国尺度来看，煤炭、油品、天然气等消费量明显大于生产量，供给能力与消费

表1-4-2　主要能源供需状况

年份	煤(万t)		油品(万t)		天然气(亿m³)	
	全国差额	西北差额	全国差额	西北差额	全国差额	西北差额
2004	99.25	3 952.87	−14 485.56	2 189.21	17.88	25.44
2005	−6 860.84	8 421.03	−14 411.73	2 430.53	27.12	97.97
2006	−13 666.32	8 222.00	−16 454.26	2 612.39	12.20	138.45
2007	−14 421.01	9 597.35	−18 022.63	2 843.35	−12.83	202.86
2008	−10 264.40	15 732.73	−18 288.96	2 941.59	−9.93	257.27
2009	−13 467.50	22 185.20	−19 722.38	3 038.68	−42.51	312.57
2010	−6 163.52	27 432.21	−23 799.63	3 218.92	12.58	337.76
2011	−12 517.59	29 305.54	−25 331.99	3 307.00	−110.97	349.73
2012	−17 214.09	33 950.35	−27 049.46	3 558.75	−172.36	379.75
2013	−26 993.74	32 375.32	−28 978.78	3 602.17	−209.00	443.79
2014	−24 221.59	30 042.26	−30 671.44	3 806.39	−231.26	450.46
2015	−22 359.91	28 284.18	−33 704.60	3 692.33	−243.04	453.96
2016	−43 499.92	24 089.36	−36 434.37	3 247.33	−252.37	457.84
2017	−33 367.07	28 500.59	−39 594.23	3 395.14	−278.11	488.40
2018	−27 678.61	34 245.67	−43 312.68	3 397.10	−335.67	506.69

注：差额=一次能源生产量—消费量

能力相比，存在较大差距，且供求差距呈现加大趋势，然而从西北尺度来看，煤炭、油品、天然气等供给能力明显大于消费需求。由此可以看出，西北在中国能源保障中的战略地位越来越突出。

1.煤、油、气、电等核心能源的重要供给地

随着我国经济的持续发展，经济对能源的依赖程度越来越高，而西北地区作为重要的能源产地，在能源安全战略实施中扮演着不可或缺的角色。21世纪初，我国的经济发展经历了由高速增长向高质量增长的转变过程，以工业为代表的三大产业迅猛发展，对能源的需求随之与日俱增。经过长期的发展，目前西北地区已经基本形成以新疆和陕西为核心，其他三省区为主要支线的能矿集群，为其他省份的经济发展提供了必要的能源支持。西北地区作为国内能源市场重要的集散地之一，在参与国内能源贸易中发挥着重要的作用。

首先，对于中国而言，能源供给以原煤供给为主（见表1-4-3）。1980年，中国能源生产量为63 735万t标准煤，煤炭占比为69.4%。2018年，能源生产量为378 859万t标准煤，煤炭占比为69.2%。数据显示，改革开放以来，中国能源供给中原煤占比始终处于70%左右。西北地区原煤供给量基本呈现逐年稳步上升趋势，且占全国原煤产量的比重亦呈现上升趋势。1999年，西北五省区原煤产量约为8850万t，约占全国比重的6.91%。而到2016年，西北原煤产量约为51 566.15万t，占全国的比重上升至23.38%。其中陕西是西北原煤产量的主要来源省份，近些年陕西的原煤产量占西北五省区总产量高达65%。此外，陕西和新疆是西北原油和天然气的主要产地，西北地区以原油和天然气为代表的其他非再生能源在全国范围内亦具有比较优势。2014—2016年，西北地区原油供给量占全国总供给量的20%以上，2007年以后，西北地区天然气生产量占全国生产总量的50%以上。

其次，西北地区作为中国清洁能源开发建设的研发试验中心，是能源开发战略的实施保障地。清洁、可再生能源的大规模开发与利用，是保障我国能源安全、优化一次能源结构、实现节能减排目标的有效手段，也是世界各国努力的方向。西北地区地广人稀，风能、光能等可再生能源资源

表1-4-3　西北五省区及全国原煤生产量比较　　单位：万t

年份	陕西	甘肃	青海	宁夏	新疆	五省区合计	全国	占比
1999	2 432.00	1 892.00	214.00	1 531.00	2 781.00	8 850.00	128 000.00	6.91%
2000	1 983.89	1 632.71	145.44	1 581.00	2 745.82	8 088.86	129 921.00	6.23%
2001	5 282.20	1 819.05	192.00	1 635.72	2 819.61	11 748.58	138 152.00	8.50%
2002	5 859.31	2 089.21	249.77	1 707.31	1 582.28	11 487.88	145 456.00	7.90%
2003	7 392.76	2 603.27	310.57	2 047.90	1 845.71	14 200.21	172 200.00	8.25%
2004	13 068.42	3 539.98	452.26	2 432.70	3 263.00	22 756.36	199 232.40	11.42%
2005	15 246.00	3 619.84	595.66	2 607.86	3 855.66	25 925.02	220 472.90	11.76%
2006	18 261.99	3 950.62	694.80	3 273.02	4 316.75	30 497.18	237 300.00	12.85%
2007	20 353.51	3 949.34	963.64	3 771.84	4 915.52	33 953.85	252 597.00	13.44%
2008	24 162.79	4 022.24	1 293.64	4 325.35	6 735.88	40 539.90	290 340.56	13.96%
2009	29 611.13	3 875.59	1 283.61	5 509.53	7 646.00	47 925.86	311 535.42	15.38%
2010	—	—	—	—	—	—	342 844.73	—
2011	—	—	—	—	—	—	376 443.52	—
2012	—	—	—	—	—	—	394 512.81	—
2013	—	—	—	—	—	—	397 432.20	—
2014	52 225.60	4 753.03	1 833.36	8 563.47	14 519.50	81 894.96	387 392.00	21.14%
2015	52 576.25	4 399.63	816.46	7 975.80	15 221.48	80 989.62	374 654.16	21.62%
2016	51 566.15	4 254.29	787.30	7 069.32	16 073.10	79 750.16	341 060.44	23.38%
2017	57 102.48	3 738.45	841.74	7 643.59	17 782.30	87 108.56	—	—
2018	62 958.07	3 629.64	821.48	7 840.09	21 352.17	96 601.45	—	—

资料来源：EPS数据库

丰富，架设大面积的风机和太阳能电池板对人居生活影响小，适合建设大规模可再生能源基地。在我国西北地区规划建设大规模可再生能源基地，是我国规模化集中式开发、优化配置可再生能源、构建全球能源互联网的重要实践探索。

2. 可再生能源和新能源的重要开发地

风能方面。西北地区多个千万千瓦级的风力发电基地的建成，加快了西北地区新能源建设步伐，提高了风电的品质，为西电东送提供了充足的电力保障。2008年，甘肃酒泉市获批建设中国首个千万千瓦级风电基地，表明西北地区新能源建设步入超常规发展快车道。2018年9月，宁夏风电装机规模达到1001万kW。2019年1月，新疆哈密市电网风电装机突破千万千瓦，标志着哈密市千万千瓦级风电基地已建成。2020年11月，青海海南州、海西州两个可再生能源基地全部跃上千万千瓦级台阶，标志着中国清洁能源示范省——青海的两个千万千瓦级可再生能源基地建成。

水能方面。西北地区多处地带处于中国一二阶梯或二三阶梯的交汇处，该地带地势落差大、支流多，水能资源丰富，且开发成本相对低廉。西北五省区水力发电量占全国水力发电量的10%左右，仅黄河龙羊峡至青铜峡918 km长的河段，就可建设25座大中型梯级水电站，总装机容量达1520万kW，年发电量达557亿度，相当于整个黄河干流可开发水能资源的一半以上，而且该地带人口、城市分布稀疏，淹没损失小，搬迁人口少。

太阳能方面。西北地区海拔高、空气水汽含量少、云层透明度好、日照时间长、太阳辐射能力强、太阳能资源丰富。以青海省为例，青海省海西州可开发太阳能、风力发电的未利用土地面积超过10万km^2，年平均日照时长在3500 h以上，年平均太阳总辐射量达7000 MJ/m^2，是全国第二高值区。2018年青海创建国家清洁能源示范省获国家能源局批复，现阶段青海省可再生能源装机占比、发电量占比、消纳占比居全国前列，可再生能源发展建设成效斐然。在西北地区，太阳能得到了广泛应用，尤其是以太阳光热转换技术创造的产品层出不穷，太阳能的发展利用对解决西北地区乃至全国的用电问题发挥了至关重要的作用。

二、能矿走廊：国内、国际消费网络的关键核心节点

表1-4-4的数据展示了西北地区主要能源省际调出与调入差额。由表可知，第一，以煤为主要消费能源的省际调出量明显高于调入量，这表明

表1-4-4　西北五省区主要能源国内省际调出与调入差额

年份	煤（万t）	原煤（万t）	油品（万t）	天然气（亿m^3）	电力（亿kWh）
2001	799.69	1 137.94	1 292.38	29.84	9.11
2002	1 741.12	2 143.57	1 876.43	34.74	-5.16
2003	4 540.22	4 707.18	2 123.72	36.03	9.16
2004	3 788.92	4 065.80	2 091.74	37.16	3.46
2005	3 874.86	4 142.42	2 661.18	97.40	84.90
2006	7 373.37	7 212.06	2 128.08	139.63	7.61
2007	7 615.49	6 834.60	1 491.68	203.24	84.47
2008	12 779.88	11 787.67	3 137.14	265.15	159.54
2009	19 673.10	18 174.40	3 564.19	324.28	47.76
2010	25 644.57	23 588.03	4 289.05	339.45	232.23
2011	27 208.02	25 001.98	4 441.96	350.46	624.87
2012	32 478.74	30 263.25	3 550.22	375.27	694.82
2013	34 324.93	29 117.06	4 684.40	694.37	771.53
2014	32 695.93	27 383.29	5 205.64	702.01	906.53
2015	31 556.34	24 748.46	4 834.90	645.14	1 024.27
2016	28 516.69	19 563.61	4 316.41	762.66	943.36
2017	32 508.68	21 989.42	4 431.97	838.74	1 209.66
2018	35 954.10	28 166.87	4 816.96	940.01	1 590.32

注：数值为“本省（区、市）调出量”与“外省（区、市）调入量”差额。

数据来源：EPS数据库

西北地区为全国其他省份提供了大量的能源。第二，基于西北地区自身的产出量和能源进口的区位优势，煤、油品、天然气和电力，是西北地区省际外调的主要能源品种。第三，近年来西北地区多种能源的省际调配差额均呈现递增趋势，这表明其余省份由于经济发展需要对能源的需求越来越高。

1. 横贯中国的能源大动脉、大通道

西气东输能源工程的建成与运营，形成了新疆直通南京和上海的横贯中国的能源大动脉。以西气东输一线工程为例，其主要任务是将新疆塔里木盆地的天然气送往豫皖江浙沪地区，沿线经过新疆、甘肃、宁夏、陕西、山西、河南、安徽、江苏、上海、浙江十个省区市。西气东输工程包括塔里木盆地天然气资源勘探开发、塔里木至上海天然气长输管道建设以及下游天然气利用配套设施建设。西气东输一线工程管道输气规模设计为120亿m^3/a，自2007年起，增输工程启动，输气能力被提升至170亿m^3/a。这一项目的实施，改善了长江三角洲及管道沿线地区人民的生活质量，有效治理了大气污染，同时为将西北地区的资源优势转变为经济优势创造了条件。后续随着中国—中亚天然气管道的建成，该管道线路外接土库曼斯坦、乌兹别克斯坦和哈萨克斯坦三个国家，内连西气东输二线、三线工程，年输气量为西气东输一线工程的近5倍。

由陕西、新疆等省区为华北电网输电构筑的西电东送北线工程的“高速路”，有效缓解了中部和东部地区迎峰度夏供电紧张的压力。吉泉直流、天中直流、祁韶直流、青豫直流、灵绍直流、银东直流等北线工程的实施，是实现整个西北与华北区域内资源优化配置的重大举措。2018年12月，甘肃河西走廊750 kV第三回线加强工程正式投运，该工程使我国西北电网网架结构进一步得到优化，“西电东送”特高压直流电力互济能力得到有效增强，使甘肃省河西电网东送、西送能力分别增加至850万kW、550万kW以上。该工程投运后，将增加甘肃清洁能源外送电量95亿kWh，相当于节省标煤116万t，减排二氧化碳超过890万t。该工程是连接甘肃省河西新能源基地与中部负荷中心的又一条清洁能源输电大通道。

2. 国际能源通道及外贸网络的重要组成部分

首先，西北地区得益于天然的区位优势，成为中外能源的主要接续点之一，连接中国中东部地区能源消费的重要中枢。以西北作为重要接入点的丝绸之路经济带的能源合作，强化了西北能源基地的节点作用。2013年习近平总书记在哈萨克斯坦首次提出用创新的合作模式，共同建设“丝绸之路经济带”的构想，使得中国与中亚的能源合作具有了新的历史机遇。丝绸之路经济带涵盖了中国能源的主要陆上通道。丝绸之路经济带上的中亚，是中国重要的能源供给区之一。中哈原油管道和中国—中亚天然气管道共同组成了中国四大能源战略通道之一的西北能源通道，是中国在能源约束困境下与中亚等国重要的能源连接通道（见表1-4-5）。来自中亚的“黑金”和“蓝金”经此通道源源不断地被输往中国的工矿企业和千家万户，这对保障中国能源安全和改善能源消费结构意义重大。

表1-4-5　三大陆上能源通道

通道	管道	使用时间	长度(km)	运输能力
东北能源进口通道	中俄原油管道一线	2011年	1100	1500万t
	中俄原油管道二线	2018年	941.80	1500万t
	中俄天然气管道东线	即将	8111	50亿m^3
	中俄天然气管道西线	在建	—	—
西北能源进口通道	中哈原油管道	2006年	2800	2000万t
	中国—中亚天然气管道	2010年	1800	300亿m^3
西南能源进口通道	中缅原油管道	2017年	1631	2200万t
	中缅天然气管道	2013年	1727	120亿m^3

其次，物流基础设施的完善和国家间政策沟通的加强，提升了沿边口岸能源的跨境可达性，扩大了西北能源的接续能力。近年来，随着中哈原油管道、中哈天然气管道等中外能源运输通道的建成，辅之铁路、公路和航空等交通设施的完善，西北地区能源物流基础设施的短板得以补齐，能

源物畅其流的“堵点”逐渐被打通。西北地区凭借地缘环境和要素禀赋成为能源枢纽。基于辐射范围广、运输成本低、运输效率高等特点，西北与中亚、欧洲等地区和国家的能源合作对话能力逐步加强，在能源领域贸易与投资便利化水平得以提升，各类能源在西北地区大聚集、大流通、大交易的局面逐渐形成，能源枢纽辐射圈不断扩大，西北能源网络的重要地位得以提升。

中国作为能源消费大国，大部分能源主要依靠进口，对外依存度大，目前基本形成东北、西北、西南和海上“三陆一海”的能源进口格局。西北能源通道作为中国四大能源进口通道的重要组成部分（如图1-4-5所示），是油气进口的中坚力量[31-36]。其减轻了中国海上能源进口的压力，为中国经济可持续发展提供了能源的安全保障。在西北能源进口通道建设中，中哈原油管道由哈萨克斯坦里海出发至中国新疆独子山入境，是中国第一条

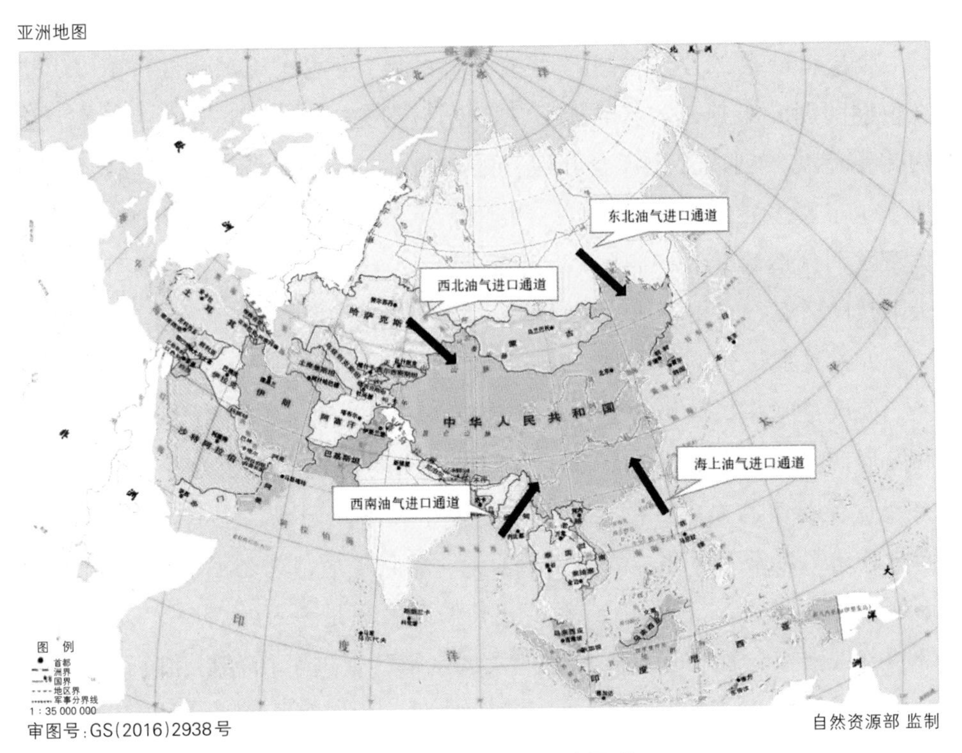

图1-4-5　能源进口四大通道

跨境输油管道；中国—中亚天然气管道由土库曼斯坦出发至中国新疆霍尔果斯入境，是中国首条引入的境外天然气能源通道。

第五节　国家多元文化的汇集地

一、中华民族早期文明的发源地

从远古时代到隋唐时期，西北地区一直在中国历史的舞台上扮演着重要的角色。从远古时代开始，华夏民族与各少数民族的祖先便在西北这片辽阔的土地上繁衍生息，从事农牧生产活动。

1.人文始祖在此诞生

据史料记载，“人文始祖”伏羲、女娲源于今甘肃天水一带，相传伏羲在位期间创设八卦、发明渔猎工具、创造楔形文字、制定历法、礼乐。女娲抟土造人，创造人类社会并建立婚姻制度，炼石补苍天，斩鳌足撑天，留下了丰富多彩的神话传说[37]。此外，黄帝和炎帝源于姬水和姜水一带，黄帝发明创造穿井、杵臼、弓矢、衣裳、甲子、医药、文字、调历，而炎帝则教民播五谷、相土地、尝百草，开启了华夏文明的先河[38]。

2.羌族东迁创造了中华民族早期文明

羌族是中华民族历史长河中最为悠久的民族之一，对中华民族的形成和发展产生了深远的影响。从上古传说到华夏民族及华夏文明的形成均与羌族有着密切的关系。据《史记·六国年表序》记载，“夫作事者必于东南，收功实者常于西北。故禹兴于西羌，汤起于亳，周之王也以丰镐伐殷，秦之帝用雍州兴，汉之兴自蜀汉”，其说明大禹是羌人的后裔[39]。而大禹带领羌人治水，提升了夏朝的农业发展水平，促进了私有制和阶级分化的产生。据史料和考古资料表明，商代时期，中国经历了漫长的干旱时期（公元前4000—公元前2360年），恶劣的自然环境使居住于河湟地区的羌人开始向东迁移，商朝则向关中地区侵入，向东迁移的羌人与向西拓展的商人为争夺资源而发生激烈战争，但羌人和商人的碰撞也促进了游牧文明与农耕文明的交流，促进了民族融合。周代是由以姬、姜、子姓为中心的王朝，其中，姬、姜为羌族之姓，子为东夷之姓。姜姓是最早进入中原，并推动中原农业开发的羌族人；姬姓则是周的创建者[40]。顾颉刚先生指出“那些最先进入中原的作了诸侯，作了贵族，就把自己的出身忘了，也许故意忌讳了，不再说自己是羌人，而是华夏人，至于留在西域的则依然是羌”。周平王东迁后，以羌族为主体的羌人东迁进入中原地区，羌族与其他民族不断融合逐渐成为华夏民族的重要组成部分[41]。

春秋战国时期，羌人的发展与秦国密切相关，秦国的不断壮大也与以羌族为主的西戎有着紧密关联。秦文化与西戎文化背景存在一定的差异，但秦人通过与西戎通婚，取得了西戎的认可，稳固了秦与西戎的关系，保证了西部的安宁。但随着秦国政治、经济、军事的快速发展和综合实力的上升，其政治野心不断增强，逐步开始了对西戎的侵略扩张，也加速了中原地区羌人融入华夏民族的步伐，这为中华民族早期文明的创造奠定了基础。

3.政治经济制度创立对中国政治经济产生深远影响

纵观中国古代历史发展进程，其发展迅速且繁荣，并数千年来一直处于世界领先地位，这与不同历史阶段的政治经济制度及经济发展水平密切相关。秦朝统一中国后，实行三公九卿，地方设郡县，经济文化上，统一文字、度量衡，补充、修订秦律，颁行全国。汉朝推行“推恩令”和“附益之法”，创立刺史制度和察举制，用于监察地方和推选人才，中央集权制得到了进一步的加强。隋唐时期推行三省六部制，并开创了科举制度，经济上轻徭薄赋，重视农业发展，完善了中央集权。北宋时期，统治者吸取了隋唐五代衰亡的历史教训，进一步加强了中央集权。明朝中央政府通过废丞相、设六部，地方设三司等政治手段，地方权力被削弱。清朝增设军机处，使封建王朝的中央集权制度达到了历史的顶峰。中央集权制度加强了国家对权力的掌控，对于国家统一和社会稳定具有重要作用，推动了经济社会发展和各民族及地区间的经济文化交流，对中国政治经济制度发展产生了深远的影响。

4.丝绸之路——地理大发现之前，世界上最重要的商路

先秦时期，连接东西方的文化交流要道便早已形成，但丝绸之路的正式开通则始于西汉张骞出使西域。公元前139年，为了寻求与西域各国共同联合抗击匈奴，汉武帝派张骞出使西域，经过数十年的艰苦跋涉，张骞先后经尉犁、龟兹、疏勒、大宛等国，最终到达月氏国，虽未形成军事联盟，但张骞详细考察了西域和南亚诸国，并搜集了诸国的资料。公元前115年，张骞再次出使西域，并将中原的黄金、丝织品、牛羊等带到西域各国，带回胡萝卜、大蒜、芝麻、苜蓿、葡萄、汗血宝马等西域产品。此后，中国的丝绸经由张骞出使之路传入中亚、西亚、罗马、印度、印尼和非洲等地，形成了以丝绸之路为通道的贸易体系。亚欧大陆间经济、文化的交流与往来推动了社会文明的进步。西汉末年，北匈奴趁西汉内乱进入河西走廊，迫使丝绸之路中断。东汉时期，汉明帝派大将窦固在河西走廊抗击北匈奴，重开丝绸之路，并在西域设置都护府，保证了丝绸之路南北线的畅通，加强了东西方文化和贸易的往来，促进了汉朝与西域民族的融合。隋唐时期，包容的对外开放政策，发达的对外贸易和文化交流将丝绸之路带入鼎盛时期，经由丝绸之路往返于东西方的商旅团队络绎不绝，为丝绸之路沿线的文明古国及城邦带来了繁荣，使丝绸之路成为东西方经贸、文化交流的重要通道，为中国及西北地区经济、文化、民族格局的形成奠定了基础[42-43]。

二、多元文化的交汇之地

西北地区自然环境差异大，多个少数民族在此聚居，东西方文化在此交汇，自古就是我国东西方交流的重要地区，也是历史上最先向西开放的地区之一。数千年来中外文明在此汇聚，丰富了西北地区的文化内涵，促进了东西方文明的交融，推动了中华民族文化发展壮大。从先秦到明清数千年的历史时期内，农耕文明与畜牧文明在西北地区不断碰撞、融合，朝代政权更迭、地区战乱，在不同程度上推动了西北地区的经济繁荣。

1. 民族融合走廊

自古以来，汉族、藏族、蒙古族、维吾尔族、回族、哈萨克族等众多民族在这片古老的土地上繁衍生息，交流融合，推动了西北地区民族发展和社会进步。

西北地区拥有高原、盆地、沙漠、戈壁、平原等多种自然地貌类型。其中河西走廊地处祁连山北麓，自古就是东西方文明交流的重要通道，也是民族迁徙融合的大走廊。西北民族融合走廊的发展在不同的历史阶段呈现出不同的局势。

从先秦时期到汉代，西北地区先后分布有匈奴、月氏、乌孙、狄、胡等游牧民族，各民族交流频繁。此后，匈奴入侵河西走廊，阻断了东西方交流的通道。汉武帝时期，为了加强西北地区的统治，汉朝在西北地区设置武威、张掖、酒泉、敦煌四郡，建立了稳固的汉人统治政权，推动了疆域向西大扩张。东汉末年至三国时期，中原政权的衰弱及西北少数民族政权的建立，使各民族政权实力此消彼长，形成了均衡发展的局势。隋唐时期，包容的文化政策推动了汉文化和少数民族文化的进一步交流，并呈现出多民族融合协同发展的局面。安史之乱后，吐蕃实力大增，并向河西走廊地区扩张，实行民族同化政策。两宋时期，西夏王朝成为西北地区的控制者，西夏文化进一步融入中原文化。元朝，西北地区进入民族大融合的新时期，中亚、西亚等地区的民族文化对西北地区产生了重要影响。明清时期，西北地区汉族、蒙古族、回族、维吾尔族、藏族各民族不断交流融合，奠定了现在的民族格局。

2. 多种宗教各放异彩

宗教是一种特殊的社会意识形态，它是一定历史阶段内出现的一种社会产物。历史上西北地区宗教具有多样性、民族性特点。西北地区宗教类型主要有五种：一是原始宗教，如阿尔泰语系的萨满教及性质相同的羌藏民族的原始宗教；二是印度宗教，主要是历史悠久且影响至今的佛教，包括西域佛教、汉传佛教、藏传佛教；三是波斯、阿拉伯宗教，如祆教、摩尼教、伊斯兰教；四是中原宗教，如道教和汉族民俗信仰；五是罗马宗教，

如基督教、古代的景教、天主教、近代东正教。西北地区不同类型宗教相互影响，相互渗透，或共生共处，或交替重叠，或兼收并蓄，形成以佛教、伊斯兰教为主，其他宗教并存的宗教生态系统，并延续至今[34]。

宗教不仅在西北少数民族文化中占据重要位置，对少数民族文化和中华传统文化的形成和发展也起到了重要推动作用，是中华民族文化的重要组成部分。伊斯兰教虽是外来宗教，但自传入后在医学、天文学、数学、历法等方面对中华民族传统文化产生了巨大影响。藏传佛教对藏族、蒙古族、裕固族等民族地区的医学、历法、文学、艺术、雕塑、绘画等产生了直接影响，极大地丰富了中华民族传统文化的内容[44-45]。

3. 多元文化大融合

西北地区地域环境复杂、少数民族习俗众多、文化资源丰富多元，是中华民族文化的重要发祥地之一。经过数千年的发展，西北地区的多元文化对中国现代多元文化格局的形成产生了重要影响。

始祖文化是中华文化之根。甘肃是中华民族和中华文明的重要发祥地之一。人文始祖伏羲和人文始祖黄帝在此创设八卦，建立婚俗、讲授渔猎、开设农耕，是中华民族早期文明和农耕文明的重要奠定者。周王朝崛起于陇东，并在此发展壮大逐渐东迁，开创了中华民族的早期农耕文化。秦王朝起源于甘肃陇南地区，开启了中国封建王朝的序幕。

仰韶文化（公元前4515年—公元前2460年）是黄河中上游地区以彩陶文化为标志的中华民族早期文明。仰韶文化以农业为主，谷粟类是其主要作物，耕作方式依然是刀耕火种，并饲养家畜、狩猎捕鱼，制陶业、石器、骨器制作和纺织等手工业较为发达。其中彩陶是仰韶文化的重要标志，且形式、风格丰富多彩，生产规模和制作技术稳定。后期仰韶文化彩陶制作逐渐减少，并逐渐发展成为以灰黑陶制作为主的龙山文化[46]。

马家窑文化（公元前3800年—公元前2050年）是黄河上游新石器时代晚期的彩陶文化，是齐家文化的源头之一。马家窑文化以彩陶为代表，其彩陶造型精美、图案多样，是中国陶器艺术文化的源头之一[47]。马家窑文化以种植粟和黍为主，并饲养家畜。在各氏族的随葬品中发现了大量农业生产工具和谷物加工工具。马家窑文化中的手工业较为发达，涉及陶器、石器制作和纺织等。

齐家文化（公元前2400年—公元前1500年）是诞生于陇东南的跨越铜石并用时代和青铜时代早期的文化时期，华夏文明的重要来源之一。齐家文化以石器和骨器来发展农业，农业主要以种植粟类为主，并建有畜牧业和手工业[48]。制陶业、冶铜业、玉器制作是齐家文化的重要手工制造业，并得到了广泛推广。这是齐家文化对中华民族青铜冶炼发展的重要贡献[49]。

秦汉文化（公元前221年—公元220年）是对先秦文化及成就的总结和升华，也是统一、多元封建文化发展的结果。中国文化稳定的结构和格局经过秦汉时期三次文化冲突后基本形成。三次文化冲突是：第一次，秦始皇“焚书坑儒”，打击儒家文化，重用法家文化，法家文化虽适用于统治者，但不能使社会长治久安；第二次，西汉前期重用黄老之术，黄老之术的重用虽在一定程度恢复了社会秩序及生产生活，但其强调的尊卑等级观念，不利于统治者对外扩张及高度集中的“大一统”政治局面的形成；第三次，西汉中期，汉武帝实行的“罢黜百家，独尊儒术”，奠定了中国封建专制主义思想的基础。秦汉时期是中华文化的整合时期，形成了以儒家文化为主体的多元文化格局，虽然受到异质文化、外来文化的不断冲击，但基本奠定了中华文化的框架[50]。

敦煌文化是以中华文化为主体，吸收印度文化、伊斯兰文化、希腊文化的精髓，形成的世界文化中特有的艺术形式。敦煌壁画艺术被誉为“古代东方艺术博物馆”，是世界规模最宏伟、保存最完整的佛教艺术宝库。在近千年的历史中，敦煌曾是西北地区鲜卑、吐蕃、党项、回鹘等众多少数民族统治的地区，也曾是汉、唐等中原王朝统治之所，多元文明的交融碰撞，恰恰是敦煌文化生生不息的源泉。敦煌文物时间跨度长，文物类型多样，文种繁多，特别是石窟建筑、雕塑、壁画、佛教经卷、社会文书等，内容涉及政治、经济、军事、宗教、文学、民族、语言、历史等诸多领域。敦煌艺术延续数千年，建筑、雕塑、书法、音乐、舞蹈、服饰等艺术丰富

多彩，是无与伦比的艺术瑰宝。敦煌也是佛教圣地，敦煌石窟艺术是佛教艺术的高度浓缩。此外，祆教、景教、摩尼教等宗教在敦煌融合，使得敦煌宗教文化独具特色。

第六节　国家科技发展的重要支撑

一、国之重器的研发试验基地

原子弹、氢弹、导弹等国之重器的试验和研究基地基本均在西北（见表1-6-1）。例如兰州铀浓缩工厂、青海核武器研制基地、新疆罗布泊核试验基地。从1964年到1996年期间，国家在新疆罗布泊总共进行了45次核试验。新疆罗布泊之所以作为原子弹、氢弹、导弹等国之重器的试验爆炸基地，分析其原因如下：人烟稀少，不存在居民动迁的问题；交通不便，环境恶劣，保密性好；地势平坦，无遮蔽物，便于评估核试验效果。

甘肃酒泉是火箭卫星重要的发射基地之一。酒泉卫星发射中心是中国最早建成的运载火箭发射试验基地，是测试及发射长征系列运载火箭、中低轨道的各种试验卫星、应用卫星、载人飞船和火箭导弹的主要基地。基地并负有残骸回收、航天员应急救生等任务。根据中国运载火箭技术研究院关于运载火箭的发射纪录，截至2021年2月中国共发射运载火箭229次，其中在酒泉发射的有51次。酒泉卫星发射中心的区位优势分析如下：其一，身居内陆，全年干旱少雨，白天时间长，雷电日少，每年约有300天可进行发射试验。其二，发射场区为戈壁滩，航区200 km以内基本为无人区，600 km以内没有人口密集的城镇和重要交通干线，航区安全有保证。其三，发射场区占地面积广，地势平坦开阔，完全满足待发段和上升段航天要求，也是先进的天地往返运输系统最理想的发射和回收着陆场，而且具有很大的发展空间。其四，建场时间久，拥有雄厚的物质基础，生活设施基本齐

表 1-6-1　部分国之重器的研发试验

武器	时间	地点	事件
原子弹	1964年	新疆罗布泊	第一颗原子弹爆炸成功
	1965年	新疆罗布泊	第二次核试验
	1969年	新疆罗布泊	首次地下核试验
氢弹	1967年	新疆罗布泊	第一颗氢弹爆炸成功
导弹	1960年	甘肃酒泉	中国用国产燃料,独立操作, 成功发射了苏制P-2导弹,准确命中目标
	1960年	甘肃酒泉	自行仿制的第一枚P-2近程弹道导弹试验成功
	1964年	甘肃酒泉	自行研制的第一种中近程弹道导弹"东风二号" 连续三发都获得了成功
	1966年	甘肃酒泉发射, 新疆罗布泊爆炸	中国第一枚带有核弹头的东风-2A导弹(两弹结合) 试验成功

资料来源：作者整理绘制

全，技术保障、测控通信、铁路运输、发配电等配套设施完善。其五，交通便利，通信发达，场区内建有大型机场，既可以满足航天器使用飞机快速运输的要求，又可作为参试人员往返乘降飞机的场所。

二、三线建设时期国家重要的工业基地

第一，三线建设为西北地区提供了优良的科技资源。三线建设为中西部地区建设了45个工业产品重大科研、生产基地，形成了包括煤炭、电力、冶金、化工、机械、核能、航空、航天、兵工、电子、船舶工业等门类比较齐全的战略后方基地。人员方面，仅军工部门的工程技术人员就有20余万名。西安、兰州等一大批古老的城市，在注入工业化能量后，拉近了与东部发达工业城市的差距。三线建设为新世纪的重大国家战略——西部大开发奠定了雄厚的工业基础（如表1-6-2所示），三线建设为我国留下的物质遗产，至今仍是我国实施西部大开发，推行"一带一路"的基础，可以

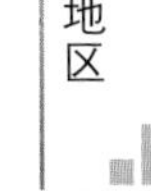

说三线建设就是西部大开发的“前奏曲”[51]。

表1-6-2　三线建设时期内迁陕西的主要工业企业

迁入后厂名	原地址	建设地点	建设工期
汉江油泵油嘴厂	北京	汉中	1965—1977年
秦川机床厂	上海	宝鸡	1965—1968年
汉江机床厂	上海	汉中	1966—1969年
汉川机床厂	北京	汉中	1966—1973年
陕西压延设备厂	黑龙江	富平	1966—1974年
西安电机厂	上海	西安	1966—1972年
汉江机床铸锻件厂	上海	汉中	1967—1971年
陕西汽车厂	北京	岐山	1968—1977年
陕西汽车齿轮厂	北京	宝鸡	1968—1977年
汉江工具厂	哈尔滨	汉中	1968—1973年
关中工具厂	哈尔滨	凤翔	1968—1976年
陕西印刷机器厂	北京	渭南	1968—1972年
海红轴承厂	哈尔滨	勉县	1969—1977年
陕西鼓风机厂	沈阳	临潼	1968—1975年
黄河工程机械厂	天津	华阴	1969—1980年
长城电工机械厂	天津	咸阳	1969—1980年

资料来源：作者整理绘制

第二，三线建设时期重点企业、厂矿以及铁路的建设，为西北地区奠定了良好的工业发展基础。三线建设时期，西北重点建设领域涵盖交通、国防、能矿等方面，使得西北地区逐渐成为中国重工业建设的战略要地。三线建设在推动西北现代化工业体系建设过程中具有重要作用，尤其促成了西北不同要素禀赋城镇和地区的形成。以青海为例，西宁作为其省会，理所应当成为全省的政治、经济、文化、交通、教育中心，并由此成为西北地区的中心城市之一；副地级市的格尔木是通往新疆和西藏的中转站，自身拥有储量丰富的盐湖，三线建设时期逐渐发展成为区域性中心城市，成为青海重镇之一；因石油而兴资源枯竭而衰的冷湖小镇见证了青海三线建设的成长；茫崖市的花土沟镇油气资源丰富，是青海油田的总根据地，采矿和化工产业因而得以发展；柯柯镇、茶卡镇因盐湖开发带动了经济增长，并发展成为盐化工基地；位于锡铁山矿区的锡铁山镇富含铅、锌、锡、铜等十多种品质优良的有色金属，因此成为有色金属开发基地；县级市德令哈农业用地面积为55%，逐步成为农副产品加工基地[52-56]。

第三，三线建设既增强了西北的经济实力，又通过工业发展促进了社会和文化的发展，为西北地区科技发展提供必要的先决条件。其一，三线建设加快了基础设施建设，奠定西北地区社会经济发展的基础。交通、能源和邮电通信等方面的基础设施建设是西北地区三线建设中启动较早的，也是对西北地区社会经济发展产生了重大影响的项目。其二，三线建设建成的国防工业和科研基地，改善了西北地区的国防工业布局。经过多年的建设，西北地区已形成拥有兵器、航空、航天、电子和核工业等门类比较齐全、技术力量比较雄厚、设备比较先进的国防科技工业体系，在巩固国防和保卫国家安全中发挥了非常重要的作用。其三，促进原材料工业和设备制造业的发展，增强了西北的经济实力。由于国家的大力支持和技术、资金的大量投入，作为西北地区工业支柱的冶金、石化、机械制造等产业，在三线建设中得到了快速发展，对增强西北地区经济实力，促进社会进步产生了重大的积极意义。其四，推动城市发展，带动落后及少数民族地区的社会进步。大规模的三线建设，使西北地区城市面貌发生了巨大变化，一批新兴工业城市拔地而起，并带动了落后及少数民族地区经济、文化、社会的发展进步。

三、基础研究的科研重地

第一，西北地区具备一定数量的以兰州重离子加速器为代表的国家重

大科技基础设施。科学研究、科技创新和时代进步均需要国家重大科技基础设施的支持，并使其成为探索未知世界和未知领域的工具。以兰州重离子加速器（HIRFL）为例，作为已经建成的五大国家实验室之一，HIRFL是中国科学院近代物理研究所设计建造的我国能量最高的重离子物理研究装置，1988年12月建成出束。HIRFL的建成，使得中国在重离子物理领域的研究达到了国际领先水平，并由此提高了中国核物理及相关学科的国际地位。随着1991年HIRFL向国内外开放，HIRFL逐渐成为国际范围内知名度较高的综合科研基地和重离子研究中心。20世纪90年代初，HIRFL先后获得中科院科技进步特等奖和国家科技进步一等奖。HIRFL不仅加速了中国在核物理领域的发展，同时也使得其在肿瘤医学领域的应用得以突破。重离子治疗肿瘤的临床试验取得了显著成果，中国成为第四个实现重离子治疗肿瘤的国家。

第二，青藏高原是研究地球演化过程的一个理想而独特的自然实验室。青藏高原因拥有除南北极之外面积最大的冰川而获得地球“第三极”的称号，但相对于南北两极而言，人类针对青藏高原的研究相对较少。事实上，在青藏高原所能从事的研究领域包括但不仅限于地理学、生物学、地质学等诸多自然学科。探求青藏高原的演化过程，能够准确把握河流的形成、大气的循环、季风的演变、板块的碰撞运动、气候变暖的原因、生态系统的变化等诸多自然科学问题。青藏高原生态系统的变化会影响周边20多亿人口，因此针对青藏高原的研究，既是科学发展的内在驱动，也是为人类福祉做贡献的必要行动。

第三，西北地区冰川冻土广布，是研究冰川冻土问题的天然场所。中国科学院兰州冰川冻土研究所（现中国科学院西北生态环境资源研究院的前身之一），为寒区合理开发、利用冰雪水资源，防治冰雪、泥石流灾害和冻害，以及寒区环境改良和工程应用提供科学依据与方法。该研究机构在应用方面，积极发挥服务于经济建设的职能，利用理论研究成果努力解决全国各地寒区在能源开发、交通建设、水利兴建等方面的工程难题，先后为冻土区砂金形成与探采、南水北调西线冻土问题、青藏公路地质勘测、达坂山隧道修建等工程提供合理性评估和可行性报告，协助国家解决工程建设冰川冻土的技术难题并节约了巨额工程建设成本。该机构在取得良好的社会经济效益的同时，也促进了我国在冰川冻土领域的科研发展[57]。

第四，中国西北干旱气象灾害监测预警及减灾技术研究所取得了一系列创新性成果[58]。中国是典型的大陆性气候，干旱区和半干旱区面积占国土面积的53%，干旱严重威胁了中国西北地区的农业生产和粮食安全。针对西北干旱气象灾害的研究成果主要包括干旱预测理论的发展、干旱发生和发展规律的监测和预测、干旱灾害影响程度的科学评估、干旱灾害的科学应对等。系列成果的形成，揭示了干旱的形成机理和发生发展规律，构建了西北干旱预测监测新体系，有效提高了中国西北地区干旱监测预警能力，为干旱应对提供技术保障。系列成果的形成，一方面为西北的农业布局和农业发展提供理论基础，促进了中国农业现代化的发展进程；另一方面培养扩大了中国干旱研究的人才队伍，为中国乃至世界干旱灾害的应对储备人才团队。

第二章 任务与机遇：
高质量发展的战略要求

党和国家对西北地区的发展高度重视，西北地区的高质量发展对于国家全面加快生态文明建设、推进新时代西部大开发形成新格局、决胜全面建成小康社会、开启全面建设社会主义现代化国家新征程，具有深远的历史影响、重大的现实意义。从政策视角看，党和国家始终高度关注西北地区的高质量发展，习近平总书记先后九次赴西北地区调研考察，足迹从天山、祁连山到秦岭，从三江源、黄土高原到银川平原，从西安交通大学、金川集团到新疆生产建设兵团，遍迹整个西北五省区。另外就祁连山事件、秦岭事件、腾格里事件等一系列影响生态环境的重大问题事件，总书记也高度关切并多次作出直接批示。这侧面反映出西北地区高质量发展在建设社会主义现代化国家大战略格局中的重大战略使命。这一点在党和国家对西北地区的一系列国家政策要求上，还有着重体现。

本章以自十八大召开至今为主要的时间节点，通过研究总书记考察调研与指示、中央专项工作会、国家与区域重大规划等系列政策体系、党和国家重大政策文件，梳理、总结了以下六个新时期国家赋予西北地区的战略任务的关键要点。这六个关键要点包括维护社会稳定、筑牢国家生态安全屏障、巩固拓展脱贫攻坚成果推进乡村振兴、构建全面开放新格局、传承和弘扬中华文化、探索创新驱动发展新路径。以上六个要点不仅是高质量发展的政策体系的主线，更是西北地区承载的新时代高质量发展的战略使命。

结合本文的主题——高质量发展的监测分析，我们将上述六个关键要点的重要战略使命与高质量发展任务总结梳理为社会民生、生态安全、创新开放、文化传承四个维度，其中社会民生维度包括维护社会稳定、巩固

拓展脱贫攻坚成果推进乡村振兴，生态安全维度主要为筑牢国家生态安全屏障，创新开放维度包括构建全面开放新格局、探索创新驱动发展新路径，文化传承维度包括保护历史文化资源、传承和弘扬中华文化（见图2-1-1）。

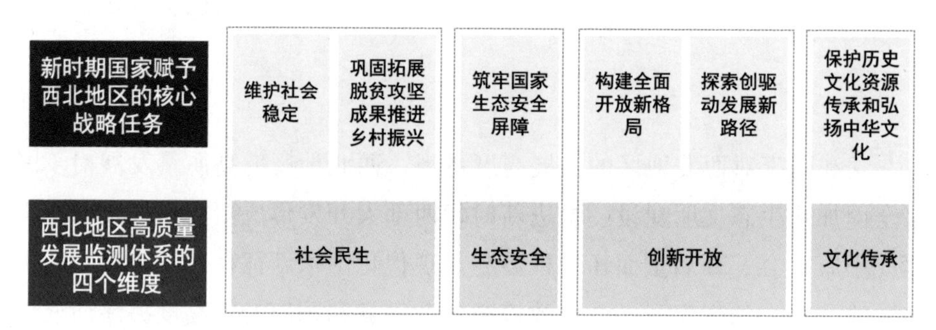

图2-1-1　国家赋予西北地区高质量发展的战略任务解析

第一节　社会民生

一、维护社会稳定与民族团结

历史上的西北地区是古代中国版图变化最为剧烈的区域之一，其背后反映出西北地区是中西方文化交流和各民族人口流动的重要通道和地区，两千多年来不断地文化冲突和交融，形成了今天中华民族和平安定的团结局面。

新疆作为西北地区地缘形势、地理区位、战略地位最突出的省区，是国家赋予西北地区社会稳定和民族团结的重要支点。本节着重以新疆为主论述党和国家对西北地区在维护社会稳定和民族团结方面的政策要求。在《中共中央国务院关于新时代推进西部大开发形成新格局的指导意见》中就明确提出，统筹发展与安全两件大事，更好地发挥西部地区国家安全屏障的作用。巩固和发展平等团结互助和谐的社会主义民族关系，促进各民族共同团结奋斗和共同繁荣发展。深入推进立体化社会治安防控，构建坚实可靠的社会安全体系。

1.新疆的政策要求

（1）三次中央新疆工作座谈会

第一次中央新疆工作座谈会于2010年5月在北京召开，作为改革开放以来中央层面召开的第一次新疆工作座谈会，在我国全面建设小康社会进入关键时期、新疆发展和稳定面临重大机遇和挑战的新形势下，总结了工作成绩经验，深刻分析了新疆的形势和任务，进一步确定了当前和今后一个时期新疆工作的指导思想、主要任务、工作要求。

第二次中央新疆工作座谈会于2014年5月在北京召开，会议在总结2010年中央新疆工作座谈会以来的工作基础上，明确了做好新疆工作是全国大事，必须从战略全局高度，谋长远之策，行固本之举，建久安之势，成长治之业，并对当前和未来的工作做出全面部署。

第三次中央新疆工作座谈会于2020年9月在北京召开，会议总结了新疆经济社会发展和民生改善取得的成就，并提出全党要把贯彻新时代党的治疆方略作为一项政治任务，在完整准确贯彻上下功夫，确保新疆工作始终保持正确政治方向。

三次中央新疆工作座谈会，在不断总结历史、明确方向的过程中，清晰地展示了党和国家围绕社会稳定、民族团结方面的针对新疆的政策方向。

1）总体目标。会议提出坚持把社会稳定和长治久安作为新疆工作总目标，坚持以凝聚人心为根本，坚持铸牢中华民族共同体意识，坚持我国宗教中国化方向，坚持弘扬和培育社会主义核心价值观，坚持紧贴民生推动高质量发展，坚持加强党对新疆工作的领导。总书记在社会稳定和长治久安的总目标下，进一步明确了依法治疆、民族宗教团结的工作要求。

2）依法治疆。会议提出保持新疆社会大局持续稳定长期稳定，要高举社会主义法治旗帜，弘扬法治精神，把全面依法治国的要求落实到新疆工作各个领域。要全面形成党委领导、政府负责、社会协同、公众参与、法治保障的社会治理体制，打造共建共治共享的社会治理格局。

3）民族团结与正确的价值观。会议提出要以铸牢中华民族共同体意识为主线，不断巩固各民族大团结。要加强中华民族共同体历史、中华民族多元一体格局的研究，将中华民族共同体意识教育纳入新疆干部教育、青少年教育、社会教育，教育引导各族干部群众树立正确的国家观、历史观、民族观、文化观、宗教观，让中华民族共同体意识根植心灵深处。要促进各民族广泛交往、全面交流、深度交融。要坚持新疆伊斯兰教中国化方向，实现宗教健康发展。要深入做好意识形态领域工作，深入开展文化润疆工程。

从上述要求可以看出，党和国家高度强调社会稳定和长治久安的重大意义和工作要求，从民族多元一体到树立正确的国家观、历史观、民族观、文化观、宗教观的价值体系。为了鼓励促进各民族的互相了解、互相尊重、互相包容、互相欣赏、互相帮助，细化部署相互嵌入式的社会结构和社区环境，有序扩大少数民族人口到内地接受教育、就业、居住等。因此，在社会稳定和长治久安的工作目标下，宏观层面优化人口城镇化的空间格局、微观层面提升嵌入式的社区治理的空间模式，是新疆实现高质量发展的基础。

（2）兵团座谈会

新疆地区的国家性屯垦是历朝历代中央政府的重大战略，是维护我国国家安全、保护国家主权的战略前沿。党和国家高度重视新疆生产建设兵团的作用，2014年4月，习近平总书记在五家渠市主持召开兵团座谈会，明确提出兵团的存在和发展绝非权宜之举，而是长远大计。新形势下，兵团工作只能加强，不能削弱。要让兵团成为安边固疆的稳定器、凝聚各族群众的大熔炉、汇集先进生产力和先进文化的示范区。

稳定器、大熔炉、示范区是兵团对国家、对边疆、对新疆的重要作用，在安边固疆方面，兵团必须发挥维护新疆社会稳定，建设和保卫边疆安全的稳定器作用；在凝聚各族群众方面，兵团必须加强重大生产布局、市场体系、基础设施、公共服务的统筹规划，实现资源共享、优势互补、共同繁荣，推动社会治理融合，建立兵团和地方公共资源联手服务机制，加强社会治理联动，形成治理对接，不留缝隙，发挥民族团结的大熔炉作用；在先进生产力和先进文化方面，兵团必须不断推进城镇化、新型工业化、农业现代化，充分发挥其在发展先进生产力和先进文化方面的示范带动作用，推动构筑各民族共同的生活和精神家园。

2.其他省区的政策要求

除新疆外，宁夏、青海、甘肃、陕西同样肩负维护国家社会稳定和民族团结的重要战略使命。加快民族地区发展和坚持宗教的中国化方向，是国家政策要求的两大关键词。

1）针对宁夏的国家政策要求。2016年7月习近平总书记在银川金凤区调研时提出，我国宗教无论是本土宗教还是外来宗教，都深深嵌入拥有5000多年历史的中华文明，深深融入我们的社会生活。要积极引导宗教与社会主义社会相适应，支持我国宗教坚持中国化方向；要加快民族地区经济社会发展，以发展促团结，以团结聚人心。

2）针对青海的国家政策要求。2016年8月习近平总书记在青海调研时提出，民族团结是各族人民的生命线。要教育引导各族群众在不断增强对伟大祖国、中华民族、中华文化、中国共产党、中国特色社会主义的认同中做到和睦相处、团结共进，共同推动民族地区加快发展。要坚持党的宗教工作基本方针，加强宗教事务管理，积极引导宗教同社会主义社会相适应，坚持我国宗教的中国化方向，更加积极主动地做好新形势下宗教工作。

综合来讲，西北五省区作为中国版图中，民族交融、宗教团结、边疆稳定的战略前沿和核心支点，维护社会稳定与民族团结是高质量发展的基础和前提。具体而言，一是构建党委领导、政府负责、社会协同、公众参与、法治保障的全领域现代化治理框架；二是持续巩固和发挥兵团的稳定器、大熔炉和示范区作用；三是要求西北地区加快民族地区的发展，以发展促团结；四是要求西北地区强化宗教的中国化工作方向。

二、巩固拓展脱贫攻坚成果推进乡村振兴

西北地区整体发展不充分、不平衡问题突出，加上特殊的自然地理和

气候环境，在2020年以前，脱贫攻坚问题是西北地区高质量发展面临的最为重大的课题之一，尤其是部分地区贫困集中连片问题突出，在《中国农村扶贫开发纲要（2011—2020年）》中，国家将六盘山区、秦巴山区、武陵山区、乌蒙山区、滇桂黔石漠化区、滇西边境山区、大兴安岭南麓山区、燕山—太行山区、吕梁山区、大别山区、罗霄山区等区域的连片特困地区和已明确实施特殊政策的西藏、四省藏区、新疆南疆四地州确定为脱贫攻坚主战场，其中涉及西北地区的包括六盘山区、秦巴山区、南疆地区等。在当前，决战脱贫攻坚取得全面胜利，5575万农村贫困人口实现脱贫，困扰了中华民族几千年的绝对贫困问题得到历史性解决，但提升脱贫地区整体发展水平、巩固脱贫攻坚历史性成果仍是未来的工作重点。

从西北五省区看，巩固脱贫攻坚成果是对整个区域的整体要求，其中国家政策要求在甘肃、宁夏、陕西尤为具体。

1.各省区针对脱贫攻坚任务要求

青海。2016年8月习近平总书记在考察中指出，脱贫攻坚任务艰巨、使命光荣。各级党政部门和广大党员干部要有“不破楼兰终不还”的坚定决心和坚强意志，坚持精准扶贫、精准脱贫，切实做到脱真贫、真脱贫。要综合施策、打好组合拳，做到多政策、多途径、多方式综合发力。要通过改变生存环境、提高生活水平、提高生产能力实现脱贫，还要有巩固脱贫的后续计划、措施、保障。要深入抓好玉树地震地区经济社会发展工作，让当地各族群众生活越来越好。

宁夏。2016年7月习近平总书记在调研中重点关注了六盘山区，在固原，总书记为脱贫攻坚指明了方向，明确发展产业是实现脱贫的根本之策。要因地制宜，把培育产业作为推动脱贫攻坚的根本出路。在闽宁镇，总书记看到历经二十余年福建宁夏共建的成果：从当年只有8000人的贫困移民村发展成为拥有6万多人的“江南小镇”，从当年的干沙滩变成了今天的金沙滩。总书记明确了移民搬迁是脱贫攻坚的一种有效方式，要总结推广典型经验，把移民搬迁脱贫工作做好。要多关心移民搬迁到异地生活的群众，帮助他们解决生产生活困难，帮助他们更好地融入当地社会。

甘肃。2019年3月在全国两会上，甘肃代表团审议时就明确提出，要把扶贫开发工作摆在治国理政的突出位置，全面打响脱贫攻坚战。2019年8月习近平总书记重点考察了古浪生态移民区，高度关切高深山区贫困群众易地搬迁脱贫致富问题，要求要深化脱贫攻坚，坚持靶心不偏、焦点不散、标准不变，在普遍实现“两不愁”的基础上，重点攻克“三保障”方面的突出问题，把脱贫攻坚重心向深度贫困地区聚焦，以“两州一县”和十八个省定深度贫困县为重点，逐村逐户、逐人逐项去解决问题，坚决攻克最后的贫困堡垒。

陕西。2020年4月习近平总书记先后调研了柞水县小岭镇金米村、安康市平利县老县镇锦屏社区，并进一步明确了脱贫攻坚后的下一步工作方向，脱贫摘帽不是终点，而是新生活、新奋斗的起点。接下来要做好乡村振兴这篇大文章，推动乡村产业、人才、文化、生态、组织等全面振兴。易地搬迁是解决一方水土养不好一方人、实现贫困群众跨越式发展的根本途径，也是打赢脱贫攻坚战的重要途径。搬得出的问题基本解决后，后续扶持最关键的是就业，乐业才能安居。解决好就业问题，才能确保搬迁群众稳得住、逐步能致富，防止返贫。易地搬迁群众来自四面八方，加强社区建设很重要。

新疆。习近平总书记在第三次中央新疆工作座谈会上提出，做好“六稳”工作、落实“六保”任务，持之以恒抓好脱贫攻坚和促进就业两件大事。要健全完善防止返贫监测和帮扶制度机制，接续推进全面脱贫与乡村振兴有机衔接，着重增强内生发展动力和发展活力，确保脱贫后能发展、可持续。

通过以上政策要求可以看出，西北地区的脱贫攻坚重点在于强化就业保障，推动乡村振兴。特别是针对西北地区生态脆弱和生态保护重要地区，要处理好脱贫攻坚与生态保护的关系，利用好生态移民的方式经验，针对西北地区贫困地区、脱贫地区集中连片问题，要强化工作重点。

2.后脱贫时代：巩固脱贫攻坚成果同乡村振兴有效衔接

2021年中央发布的指导“三农”工作的一号文件《中共中央 国务院关

于全面推进乡村振兴加快农业农村现代化的意见》，是新时期对巩固脱贫攻坚成果的全面部署。文件做出实现巩固拓展脱贫攻坚成果同乡村振兴有效衔接的准确判断及以下具体工作要求。

1）设立衔接过渡期。脱贫攻坚目标任务完成后，对摆脱贫困的县，从脱贫之日起设立5年过渡期，做到扶上马送一程。过渡期内保持现有主要帮扶政策总体稳定，并逐项分类优化调整，合理把握节奏、力度和时限，逐步实现由集中资源支持脱贫攻坚向全面推进乡村振兴平稳过渡，推动“三农”工作重心历史性转移。抓紧出台各项政策完善、优化的具体实施办法，确保工作不留空档、政策不留空白。

2）持续巩固拓展脱贫攻坚成果。健全防止返贫动态监测和帮扶机制，对易返贫致贫人口及时发现、及时帮扶，守住防止规模性返贫底线。以大中型集中安置区为重点，扎实做好易地搬迁后续帮扶工作，持续加大就业和产业扶持力度，继续完善安置区配套基础设施、产业园区配套设施、公共服务设施，切实提升社区治理能力。加强扶贫项目资产管理和监督。

3）接续推进脱贫地区乡村振兴。实施脱贫地区特色种养业提升行动，广泛开展农产品产销对接活动，深化拓展消费帮扶。持续做好有组织劳务输出工作。统筹用好公益岗位，对符合条件的就业困难人员进行就业援助。在农业农村基础设施建设领域推广以工代赈方式，吸纳更多脱贫人口和低收入人口就地就近就业。在脱贫地区重点建设一批区域性和跨区域重大基础设施工程。加大对脱贫县乡村振兴支持力度。在西部地区脱贫县中确定一批国家乡村振兴重点帮扶县集中支持。支持各地自主选择部分脱贫县作为乡村振兴重点帮扶县。坚持和完善东西部协作和对口支援、社会力量参与帮扶等机制。

4）加强农村低收入人口常态化帮扶。对农村低收入人口进行动态监测，实行分层分类帮扶。对有劳动能力的农村低收入人口，坚持开发式帮扶，帮助其提高内生发展能力，发展产业、参与就业，依靠双手勤劳致富。对脱贫人口中丧失劳动能力且无法通过产业就业获得稳定收入的人口，以现有社会保障体系为基础，按规定纳入农村低保或特困人员救助供养范围，并按困难类型及时给予专项救助、临时救助。

对西部地区而言，持续性的生态移民以及后续帮扶工作，加大就业和产业扶持力度是巩固脱贫攻坚成果的必要手段；同时结合乡村振兴工作要求，逐步建立起国家乡村振兴重点帮扶县体系，是下一步的工作重点；常态化帮扶取代脱贫攻坚，为脱贫人口、低收入人口建立起长效保障，是未来相当长一段时期的常态化工作。

第二节　生态安全

在国家推进生态文明建设的大背景下，西北地区的生态建设意义尤为重大，在习近平总书记的批示和调研考察中，党和国家在各类重大的国家区域规划中，都对西北地区生态保护和建设国家生态安全屏障提出了重大要求。

一、国家生态安全战略格局中的西北地区

围绕全国的生态安全格局，不同领域的国家性规划均对国家生态安全格局做出了研究和要求，包括《中华人民共和国国民经济和社会发展第十四个五年规划和2035年远景目标纲要》（简称“十四五”规划）、全国生态保护与建设规划、全国生态功能区划、推进生态文明建设规划纲要、全国国土规划纲要、全国城镇体系规划等，考虑到编制时间、专业领域的差别化，本节重点剖析2013年颁布的《全国生态保护与建设规划（2013—2020）》和2021年颁布的《中华人民共和国国民经济和社会发展第十四个五年规划和2035年远景目标纲要》。

1.《全国生态保护与建设规划（2013—2020）》的任务要求

该规划延续了全国主体功能区所制定的“两屏三带一区多点”的国家生态安全屏障骨架格局，并作为总体格局指引，将全国生态保护与建设划

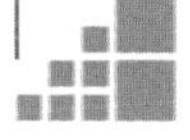

分为九大区域。其中涉及西北地区的有以下三个。

（1）国家生态安全屏障区

青藏高原生态屏障区。以保护天然高寒植被、高原湿地河湖和高原特有生物物种及其栖息地为重点，按山系、河流完善保护区网络；实施禁牧休牧、草畜平衡和基本草原保护，加强“黑土滩”型退化草地人工治理，修复草原生态；推进天然林资源保护；开展小水电代燃料；通过退牧（耕）还湿、蓄水、禁渔与增殖放流、增加植被等措施恢复湿地河湖生态；加强江河源头区水土保持和防沙治沙，开展沙化土地封禁保护。

黄土高原—川滇生态屏障区。以培育林草资源、保护生物多样性、防治水土流失、减缓山洪地质灾害为重点，实施天然林保护和森林经营，建设长江流域、黄河上中游防护林体系；加强退耕还林、岩溶地区石漠化综合治理、淤地坝建设和坡耕地改造，实施保护性耕作，建设高标准旱作农田；加强野生动植物保护、保护区能力建设和森林公园体系建设；发展农村新型能源和生态产业，促进农民生产生活条件改善。

（2）国家生态屏障带

北方防沙带。以林草植被保护与建设为重点，大力营造防风固沙林和绿洲防护林，生物措施和工程措施相结合固定流动和半流动沙丘，实行沙化土地封禁保护；采取围栏封育、人工种草、补播改良、棚圈建设、优良牧草繁育体系建设等措施，对退化草原进行保护和综合治理；统筹调配流域和区域水资源，加强绿洲保护，实施保护性耕作，发展旱作雨养农业；发展沙产业，促进农牧民增收。

（3）生态保护与建设分区

青藏高原区。保护高原自然生态系统和特有生物物种，修复草原生态，合理利用草原。加强有害生物防治和天然草场、江河源头植被保护，增加林草植被，提高水源涵养能力；实施退牧还草、禁牧休牧、划区轮牧，治理沙化土地；加强河谷农区水土流失治理，实施保护性耕作；加强自然保护区建设，严格保护高原河湖湿地、高寒特有动植物与水生生物及其生境，维护高原生物多样性。

三北风沙综合防治区。保护荒漠生态，恢复草原生态，合理调配水资源，增加林草植被。开展荒漠植被和沙化土地封禁保护，加强退化林带修复，禁止滥开垦、滥放牧和滥樵采，构建乔灌草相结合的防护林体系；开展退牧还草，治理退化草原，恢复草原植被，发展雨水积蓄，建设高标准旱作农田；实施保护性耕作，增加地表秸秆覆盖，减少农田风蚀；对生态脆弱流域进行综合治理，水源区加强现有林保护和草地综合治理，实行流域上中下游水量统一调度，严格控制超采地下水，保证生态用水，遏制并逐步修复下游生态。

长江上中游地区。加强源头区和河流两岸防护林建设，提高林草植被质量，防控山洪地质灾害，强化生物多样性保护。开展三峡库区、南水北调水源区、石漠化和山洪地质灾害易发区的陡坡耕地退耕还林，修建雨水积蓄设施，发展集雨农业；修复退化森林、湿地、草原生态系统；加强天然林、自然湿地、野生动植物保护和自然保护区、森林公园建设；在水电资源丰富区实施小水电代燃料工程建设；实施流域水电梯级开发和重要水库闸坝生态水量联合调度，改善河湖连通性，修复长江重要经济鱼类和珍稀濒危水生生物洄游通道；控制外来入侵物种扩散和蔓延。

黄河上中游地区。加强原生植被保护，增加林草植被，控制水土流失和沙化扩展，合理调配水资源。在水土流失严重地区，加强陡坡耕地退耕还林、坡耕地改造和沟道治理，积极开展封山禁牧和育林育草，建设高标准旱作农田；在风沙严重区域，建设乔灌草相结合的防风固沙林体系，开展围栏封育、草地改良，优化种植方式和制度，实施保护性耕作；加强黄河源区水源涵养和保护，优化配置黄河中游、渭河下游水资源，保证重要断面基本生态用水量。

综合来讲，西北地区在生态保护与建设方面的重点任务为：青藏高原生态保护、长江黄河两大流域的源头生态保护、三北地区风沙治理。在三大主要任务下，围绕生物多样性保护、水土流失治理、退化生态系统修复、农业空间格局调整、水资源统筹开发利用、城镇与产业开发建设等方面，全面强化生态保护的优先地位，提出保护与治理的空间政策体系。

2.《中华人民共和国国民经济和社会发展第十四个五年规划和2035年远景目标纲要》

“十四五”规划是开启全面建设社会主义现代化国家新征程的宏伟蓝图，是全国各族人民共同的行动纲领，其中推动绿色发展，促进人与自然和谐共生是实施可持续发展战略，完善生态文明领域统筹协调机制，构建生态文明体系，推动经济社会发展、全面绿色转型，建设美丽中国的重要基础。因此在规划中明确提出了要提升生态系统的质量和稳定性，完善生态安全屏障体系。

“十四五”规划提出，强化国土空间规划和用途管控，划定落实生态保护红线、永久基本农田、城镇开发边界以及各类海域保护线。以国家重点生态功能区、生态保护红线、国家级自然保护地等为重点，实施重要生态系统保护和修复重大工程，加快推进青藏高原生态屏障区、黄河重点生态区、长江重点生态区和东北森林带、北方防沙带、南方丘陵山地带、海岸带等生态屏障建设。加强长江、黄河等大江大河和重要湖泊湿地生态保护治理，加强重要生态廊道建设和保护。全面加强天然林和湿地保护，湿地保护率提高到55%。科学推进水土流失和荒漠化、石漠化综合治理，开展大规模国土绿化行动，推行林长制。科学开展人工影响天气活动。推行草原、森林、河流、湖泊休养生息，健全耕地休耕轮作制度，巩固退耕还林还草、退田还湖还湿、退围还滩还海成果。

西北地区包括了国家六大生态安全屏障中的青藏高原生态屏障区、黄河重点生态区和北方防沙带三大生态安全屏障。其中青藏高原生态屏障区以三江源、祁连山、若尔盖、甘南黄河重要水源补给区为重点，加强原生地带性植被、珍稀物种及其栖息地保护，重点开展沙化土地治理、退化草原治理、沙化土地封禁工作；黄河重点生态区（含黄土高原生态屏障）以黄土高原、秦岭、贺兰山为重点，加强“三化”草场治理、水土流失治理、保护修复黄河三角洲湿地；北方防沙带以内蒙古高原、河西走廊、塔里木河流域、京津冀地区等为重点，实施天然林保护修复，保护重点沼泽湿地和珍稀候鸟迁徙地，培育天然林后备资源，开展退化草原治理。

相比2013年的全国生态保护与建设规划，在新的国家生态安全格局中，对“两屏三带”在空间上进行了优化和凝练，突出了黄河重点生态区作为流域完整生态保护与生态建设的系统地理单元，规划了更为完整成系统的北方防沙带生态安全屏障，形成了六大生态安全屏障区的空间总体格局。在此空间格局下，“十四五”规划进一步提出了一系列保障和支撑生态保护与生态建设的政策体系，包括：加大重点生态功能区、重要水系源头地区、自然保护地转移支付力度，鼓励受益地区和保护地区、流域上下游通过资金补偿、产业扶持等多种形式开展横向生态补偿；完善市场化多元化生态补偿，鼓励各类社会资本参与生态保护修复；完善森林、草原和湿地生态补偿制度；推动长江、黄河等重要流域建立全流域生态补偿机制；在长江流域和三江源国家公园等开展试点，建立生态产品价值实现机制。

因此在当前国土空间规划中，围绕生态安全格局构建和生态空间保护，形成了由生态安全格局—自然保护地体系—生态保护红线体系—国家公园制度体系—生态保护补偿政策体系构成的，从空间到政策的完善的治理体系。西北地区以三江源国家公园、祁连山国家公园、大熊猫国家公园为代表，分批建立起覆盖重要生态安全屏障区的国家公园空间体系。形成了当前和未来一段时间西北地区开展生态保护与建设的核心空间抓手。

二、党中央进一步明确的生态保护核心任务

习近平总书记高度关注西北地区生态安全屏障建设，无论是调研考察还是直接批示中，都对西北地区生态屏障区的生态安全高度关注。

1.新疆的生态保护要求

针对新疆，习近平总书记在第三次中央新疆工作座谈会上提出要坚持绿水青山就是金山银山的理念，坚决守住生态保护红线，统筹开展治沙治水和森林草原保护工作，让大美新疆天更蓝、山更绿、水更清。并就新疆卡山自然保护区违规“瘦身”问题做出直接批示。

2.甘肃的生态保护要求

针对甘肃，习近平总书记在2019年考察时提出，要加强生态环境保护，

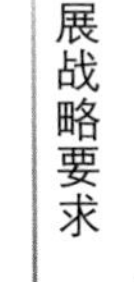

正确处理开发和保护的关系，加快发展生态产业，构筑国家西部生态安全屏障。治理黄河，重在保护，要在治理。要坚持山水林田湖草综合治理、系统治理、源头治理，统筹推进各项工作，加强协同配合，共同抓好大保护，协同推进大治理，推动黄河流域高质量发展，让黄河成为造福人民的幸福河。总书记在行程中重点关注了祁连山北麓的山丹军马场的生态安全屏障建设，古浪县黄花滩的生态保护与生态移民区发展，兰州的黄河流域生态保护等问题，直接提出甘肃省首先担负起黄河上游生态修复、水土保持和污染防治的重任，兰州要在保持黄河水体健康方面先发力、带好头等要求。围绕祁连山的保护问题，总书记多次作出批示并主持政治局常委会，重点强调了要处理好生态保护与生态环境的关系，立足高质量发展，把绿水青山转化为金山银山。

3.青海的生态保护要求

针对青海，习近平总书记在2016年考察时提出，青海生态地位重要而特殊，必须担负起保护三江源、保护“中华水塔”的重大责任。要坚持保护优先，坚持自然恢复和人工恢复相结合，从实际出发，全面落实主体功能区规划要求，使保障国家生态安全的主体功能全面得到加强。要统筹推进生态工程、节能减排、环境整治、美丽城乡建设。加强自然保护区建设，搞好三江源国家公园体制试点，加强环青海湖地区生态保护，加强沙漠化防治、高寒草原建设，加强退牧还草、退耕还林还草、三北防护林建设，加强节能减排和环境综合治理，确保“一江清水向东流”。

4.宁夏的生态保护要求

针对宁夏，习近平总书记在2020年考察时提出，宁夏是西北地区重要的生态安全屏障，要大力加强绿色屏障建设。要强化源头保护，下功夫推进水污染防治，保护重点湖泊湿地生态环境。要加强黄河保护，坚决杜绝污染黄河行为，让母亲河永远健康。要牢固树立绿水青山就是金山银山的理念，统筹山水林田湖草系统治理，优化国土空间开发格局，继续打好蓝天、碧水、净土保卫战，抓好生态环境保护。要把保障黄河长治久安作为重中之重，实施河道和滩区综合治理工程，统筹推进两岸堤防、河道控导、滩区治理，推进水资源节约集约利用，统筹推进生态保护修复和环境治理，努力建设黄河流域生态保护和高质量发展先行区。

5.陕西的生态保护要求

针对陕西，习近平总书记在2020年考察时提出，陕西生态环境保护，不仅关系自身发展质量和可持续发展，而且关系全国生态环境大局。要牢固树立绿水青山就是金山银山的理念，统筹山水林田湖草系统治理，优化国土空间开发格局，调整区域产业布局，发展清洁生产，推进绿色发展，打好蓝天、碧水、净土保卫战。要坚持不懈开展退耕还林还草，推进荒漠化、水土流失综合治理，推动黄河流域从过度干预、过度利用向自然修复、休养生息转变，改善流域生态环境质量。围绕秦岭事件，总书记先后6次就破坏生态环境问题作出直接批示，并在远眺秦岭牛背梁主峰时提出，秦岭和合南北、泽被天下，是我国的中央水塔，是中华民族的祖脉和中华文化的重要象征。保护好秦岭生态环境，对确保中华民族长盛不衰、实现“两个一百年”奋斗目标、实现可持续发展具有十分重大而深远的意义。

6.河流域生态保护的整体要求

围绕黄河流域生态保护与高质量发展，习近平总书记在2019年黄河流域生态保护和高质量发展座谈会上提出了加强生态环境保护、保障黄河长治久安、推进水资源节约集约利用、推动黄河流域高质量发展四点要求，并于2020年，政治局审议了《黄河流域生态保护和高质量发展规划纲要》，纲要指出，黄河是中华民族的母亲河，要把黄河流域生态保护和高质量发展作为事关中华民族伟大复兴的千秋大计，贯彻新发展理念，遵循自然规律和客观规律，统筹推进山水林田湖草沙综合治理、系统治理、源头治理，改善黄河流域生态环境，优化水资源配置，促进全流域高质量发展，改善人民群众生活，保护、传承、弘扬黄河文化，让黄河成为造福人民的幸福河。

7.小结

总体上，一方面，西北五省区的生态保护与生态建设主线是，新疆着重以防沙治沙和森林草原保护为重点；甘肃要强化祁连山和黄河生态安全

屏障建设；青海要立足中华水塔使命，完善水源涵养地区的生态治理；宁夏要保护好贺兰山生态安全屏障和建设黄河流域生态保护和高质量发展先行区；陕西要在建立秦岭、黄河生态保护屏障的前提下统筹开发保护关系。另外一方面，围绕生态文明和生态保护的制度体系探索也是西北地区高质量发展的重中之重，包括完善生态移民政策体系、国家公园制度体系、生态修复行动体系等。

第三节　创新开放

一、构建全面开放新格局

1.总体格局

（1）《推动共建丝绸之路经济带和21世纪海上丝绸之路的愿景》

2013年9月和10月，中国国家主席习近平在出访中亚和东南亚国家期间，先后提出共建“丝绸之路经济带”和“21世纪海上丝绸之路”的重大倡议，得到国际社会高度关注。2015年3月，经国务院授权，外交部、商务部联合发布《推动共建丝绸之路经济带和21世纪海上丝绸之路的愿景》，提出共建“一带一路”顺应世界多极化、经济全球化、文化多样化、社会信息化的潮流，秉持开放的区域合作精神，致力于维护全球自由贸易体系和开放型世界经济。共建“一带一路”旨在促进经济要素有序自由流动、资源高效配置和市场深度融合，推动沿线各国实现经济政策协调，开展更大范围、更高水平、更深层次的区域合作，共同打造开放、包容、普惠、均衡的区域经济合作架构。

针对我国各地在“一带一路”开放新格局下的任务要求，文件也予以重点明确，其中涉及西北地区的主要要求有以下部分。

1）西北、东北地区。发挥新疆独特的区位优势和向西开放重要窗口的作用，深化与中亚、南亚、西亚等地区国家的交流合作，形成丝绸之路经济带上重要的交通枢纽、商贸物流和文化科教中心，打造丝绸之路经济带核心区。发挥陕西、甘肃综合经济文化和宁夏、青海民族人文优势，打造西安内陆型改革开放新高地，加快兰州、西宁开发开放，推进宁夏内陆开放型经济试验区建设，形成面向中亚、南亚、西亚地区国家的通道、商贸物流枢纽、重要产业和人文交流基地。发挥内蒙古联通俄罗斯、蒙古的区位优势，完善黑龙江对俄铁路通道和区域铁路网，以及黑龙江、吉林、辽宁与俄罗斯远东地区的陆海联运合作，推进构建北京—莫斯科欧亚高速运输走廊，建设向北开放的重要窗口。

2）内陆地区。利用内陆纵深广阔、人力资源丰富、产业基础较好的优势，依托长江中游城市群、成渝城市群、中原城市群、呼包鄂榆城市群、哈长城市群等重点区域，推动区域互动合作和产业集聚发展，打造重庆西部开发开放重要支撑和成都、郑州、武汉、长沙、南昌、合肥等内陆开放型经济高地。加快推动长江中上游地区和俄罗斯伏尔加河沿岸联邦区的合作。建立中欧通道铁路运输、口岸通关协调机制，打造“中欧班列”品牌，建设沟通境内外、连接东中西的运输通道。支持郑州、西安等内陆城市建设航空港、国际陆港，加强内陆口岸与沿海、沿边口岸通关合作，开展跨境贸易电子商务服务试点。优化海关特殊监管区域布局，创新加工贸易模式，深化与沿线国家的产业合作。

3）从总体格局看，西北地区在“一带一路”开放新格局中，承担着极为重要的战略任务和历史作用。新疆要发挥窗口作用，打造丝绸之路经济带核心区；建设西安内陆城市航空港、国际陆港，打造西安内陆开放新高地；加快兰州西宁开发开放；推进宁夏内陆开放型经济试验区建设。

(2)《中共中央国务院关于新时代推进西部大开发形成新格局的指导意见》

2020年，《中共中央国务院关于新时代推进西部大开发形成新格局的指导意见》发布，进一步强调提出，以共建“一带一路”为引领，加大西部开放力度的总体要求。与西北地区直接相关的重点包括以下内容。

1）积极参与和融入“一带一路”建设。支持新疆加快丝绸之路经济带核心区建设，形成西向交通枢纽和商贸物流、文化科教、医疗服务中心。支持重庆、四川、陕西发挥综合优势，打造内陆开放高地和开发开放枢纽。支持甘肃、陕西充分发掘历史文化优势，发挥丝绸之路经济带重要通道、节点作用。支持贵州、青海深化国内外生态合作，推动绿色丝绸之路建设。支持内蒙古深度参与中蒙俄经济走廊建设。提升云南与澜沧江—湄公河区域开放合作水平。

2）强化开放大通道建设。积极发展多式联运，加快铁路、公路与港口、园区连接线建设。强化沿江铁路通道运输能力和港口集疏运体系建设。支持在西部地区建设无水港。优化中欧班列组织运营模式，加强中欧班列枢纽节点建设。进一步完善口岸、跨境运输和信息通道等开放基础设施，加快建设开放物流网络和跨境邮递体系。加快中国—东盟信息港建设。

3）构建内陆多层次开放平台。鼓励重庆、成都、西安等加快建成国际门户枢纽城市，提高昆明、南宁、乌鲁木齐、兰州、呼和浩特等省会（首府）城市面向毗邻国家的次区域合作支撑能力。支持西部地区自由贸易试验区在投资贸易领域依法依规开展先行先试，探索建设适应高水平开放的行政管理体制。加快内陆开放型经济试验区建设，研究在内陆地区增设国家一类口岸。整合规范现有各级各类基地、园区，加快开发区转型升级。办好各类国家级博览会，提升西部地区影响力。

4）加快沿边地区开放发展。完善沿边重点开发开放试验区、边境经济合作区、跨境经济合作区布局，支持在跨境金融、跨境旅游、通关执法合作、人员出入境管理等方面开展创新。扎实推进边境旅游试验区、跨境旅游合作区、农业对外开放合作试验区等建设。统筹利用外经贸发展专项资金支持沿边地区外经贸发展。完善边民互市贸易管理制度。深入推进兴边富民行动。

5）发展高水平开放型经济。推动西部地区对外开放由商品和要素流动型逐步向规则制度型转变。落实好外商投资准入前国民待遇加负面清单管理制度，有序开放制造业，逐步放宽服务业准入，提高采矿业开放水平。

支持西部地区按程序申请设立海关特殊监管区域，支持区域内企业开展委内加工业务。加强农业开放合作。推动西部优势产业企业积极参与国际产能合作，在境外投资经营中履行必要的环境、社会和治理责任。支持建设一批优势明显的外贸转型升级基地。建立东中西部开放平台对接机制，共建项目孵化、人才培养、市场拓展等服务平台，在西部地区打造若干产业转移示范区。对向西部地区梯度转移企业，按原所在地区已取得的海关信用等级实施监督。

6）拓展区际互动合作。积极对接京津冀协同发展、长江经济带发展、粤港澳大湾区建设等重大战略。支持青海、甘肃等加快建设长江上游生态屏障，探索协同推进生态优先、绿色发展新路径。依托陆桥综合运输通道，加强西北省份与江苏、山东、河南等东中部省份互惠合作。加快珠江—西江经济带和北部湾经济区建设，鼓励广西积极参与粤港澳大湾区建设和海南全面深化改革开放。推动东西部自由贸易试验区交流合作，加强协同开放。支持跨区域共建产业园区，鼓励探索“飞地经济”等模式。加强西北地区与西南地区合作互动，促进成渝城市群、关中平原城市群协同发展，打造引领西部地区开放开发的核心引擎。推动北部湾、兰州—西宁、呼包鄂榆、宁夏沿黄、黔中、滇中、天山北坡等城市群互动发展。支持南疆地区开放发展。支持陕甘宁、川陕、左右江等革命老区和川渝、川滇黔、渝黔等跨省（自治区、直辖市）毗邻地区建立健全协同开放发展机制。加快推进重点区域一体化进程。

7）针对各省区的要求。通过上述文件可以看出，西北五省区在新时代西部大开发构建全面开放新格局中的重要地位。各省区的任务要求得以明确：新疆着力打造丝绸之路经济带核心区，强化乌鲁木齐面向毗邻国家的区域合作支撑能力，推动天山北坡城市群互动发展，推动南疆地区开放发展，完善口岸、跨境运输和信息通道等开放基础设施；甘肃充分发掘历史文化优势，发挥丝绸之路经济带重要通道、节点作用，完善通道建设，强化兰州面向毗邻国家的区域合作支撑能力，推动兰西城市群互动发展，建立陕甘宁革命老区跨省毗邻地区协同开放发展机制；青海深化国内外生态

合作，推动绿色丝绸之路建设，推动兰西城市群互动发展；宁夏重点建设内陆开放型经济试验区，推动宁夏沿黄城市群互动发展，建立陕甘宁革命老区跨省毗邻地区协同开放发展机制；陕西打造内陆开放高地和开发开放枢纽，充分发掘历史文化优势，发挥丝绸之路经济带重要通道、节点作用，加快将西安建成国际门户枢纽城市，促进成渝城市群、关中平原城市群协同发展，打造引领西部地区开放开发的核心引擎，建立陕甘宁革命老区跨省毗邻地区协同开放发展机制。

2.党中央进一步明确的全面开发发展核心任务

除上述两个整体性国家政策任务要求外，习近平总书记在西北调研考察时，也提出了更直接的任务要求，同时近年来围绕开放平台建设，国家新批复了一系列重大平台建设，形成了更为具体的指导西北地区开放发展的政策体系和任务要求。

（1）针对新疆的开放发展要求

针对新疆，习近平总书记在第三次中央新疆工作座谈会上提出，发挥新疆区位优势，以推进丝绸之路经济带核心区建设为驱动，把新疆自身的区域性开放战略纳入国家向西开放的总体布局中，丰富对外开放载体，提升对外开放层次，创新开放型经济体制，打造内陆开放和沿边开放的高地。2020年12月，国务院同意设立新疆塔城重点开发开放试验区，按照高质量发展要求，充分发挥新疆与中亚合作的独特优势，解放思想、先行先试，着力创新体制机制，加强基础设施互联互通，发展特色优势产业，深化经贸交流合作，优化营商环境，推进生态文明建设，统筹城乡一体化发展，努力把试验区建成丝绸之路经济带的重要支点、深化与中亚国家合作的重要平台、沿边地区经济发展新的增长极、维护边境和国土安全的重要屏障，成为新疆全面开放的又一战略支点。

（2）针对甘肃的开放发展要求

针对甘肃，习近平总书记在2019年8月考察中提出，加快构建覆盖城乡、功能完备、支撑有力的基础设施体系，加快改造传统产业，培育新兴产业，加大改革攻坚力度，加快构建开放新格局不断夯实高质量发展基础。

推动敦煌文化研究服务共建“一带一路”，加强同沿线国家的文化交流，增进民心相通。

（3）针对宁夏的开放发展要求

针对宁夏，习近平总书记在考察中提出，要推动改革开放取得新突破，坚持问题导向，有的放矢推进改革，加强对改革举措的评估问效，促进各项改革往深里走、往实里落，加快培育充分竞争的市场，不断激发各类市场主体活力。要抓住共建“一带一路”重大机遇，坚持对内开放和对外开放相结合，培育开放型经济主体，营造开放型经济环境，以更高水平开放促进更高质量发展。早在2012年，国务院就批复了《宁夏内陆开放型经济试验区规划》。宁夏内陆开放型经济试验区是我国内陆地区首个也是唯一一个覆盖整个省级区域的试验区，明确了坚定不移地实施对外开放战略，扩大向西开放，全面加强我国同阿拉伯国家及世界穆斯林地区的经贸文化交流与合作的任务要求。

（4）针对陕西的开放发展要求

针对陕西，习近平总书记在2020年4月考察时提出，要深度融入共建“一带一路”大格局，加快形成面向中亚南亚西亚国家的通道、商贸物流枢纽、重要产业和人文交流基地，构筑内陆地区效率高、成本低、服务优的国际贸易通道。陕西是2016年国务院批复批准设立的第三批自由贸易试验区，是西北地区唯一的自由贸易试验区。党和国家对陕西自由贸易试验区提出的任务要求和战略定位是：以制度创新为核心，以可复制可推广为基本要求，全面落实党中央、国务院关于更好发挥“一带一路”建设对西部大开发带动作用、加大西部地区门户城市开放力度的要求，努力将自贸试验区建设成为全面改革开放试验田、内陆型改革开放新高地、“一带一路”经济合作和人文交流重要支点。

3.小结

西北地区在中国向西开放新格局中，承担着窗口门户、核心区、桥头堡、战略支点、重要通道、开发开放枢纽、内陆开放高地等核心作用。在此基础上，进一步加快东西联动，促进西北地区与其他国家、区域、重大

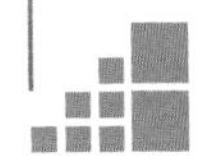

战略地区的互动发展，融入全面开放格局是核心任务。未来西北地区必须从产业经济、通道枢纽建设、文化交流、口岸平台建设、机制探索、空港陆港建设等方面，全面发力，将开发发展作为高质量发展的重要增长极和动力源，全面支撑“一带一路”倡议，支撑我国参与和引领全球治理体系的目标。

二、探索创新驱动发展新路子

一方面，当前西北地区整体还处于欠发达阶段，产业发展更多依赖于资源能源等要素驱动，在国家区域经济格局中，其核心竞争优势还在低电价、低地价等方面。同时另外一方面，西北地区拥有一系列支撑国家战略安全的科技创新资源，部分产业体系是国家战略性产业，对国家战略安全意义重大，但由于科技成果转化不足、科技创新平台不完善，难以释放创新动能。正如习近平总书记在讲话中提到的，“越是欠发达地区，越需要实施创新驱动发展战略”，创新驱动战略是探索西北地区高质量发展的新路子、实现弯道超车的必要基础。

1.《中共中央国务院关于新时代推进西部大开发形成新格局的指导意见》

指导意见要求，要不断提升创新发展能力。以创新能力建设为核心，加强创新开放合作，打造区域创新高地。完善国家重大科研基础设施布局，支持西部地区在特色优势领域优先布局建设国家级创新平台和大科学装置。加快在西部具备条件的地区创建国家自主创新示范区、科技成果转移转化示范区等创新载体。进一步深化东西部科技创新合作，打造协同创新共同体。在西部地区布局建设一批应用型本科高校、高职学校，支持“双一流”高校对西部地区开展对口支援。深入推进大众创业、万众创新，促进西部地区创新创业高质量发展，打造“双创”升级版。健全以需求为导向、以企业为主体的产学研一体化创新体制，鼓励各类企业在西部地区设立科技创新公司。支持国家科技成果转化，引导基金在西部地区设立创业投资子基金。加强知识产权保护、应用和服务体系建设，支持开展知识产权国际交流合作。

2.《中华人民共和国国民经济和社会发展第十四个五年规划和2035年远景目标纲要》

“十四五”规划提出，坚持创新在我国现代化建设全局中的核心地位，把科技自立自强作为国家发展的战略支撑，并具体提出强化国家战略科技力量、提升企业技术创新能力、激发人才创新活力、完善科技创新体制机制等要求。对于西北地区而言，上述四点要求更是抓住了西北地区创新开放的核心。

在强化国家战略科技力量方面，西北地区得益于新中国一五时期和三线建设时期的两次大规模的工业化。工业化培育形成了国家战略性科技力量，并随着现代化产业体系的逐步完善，围绕能源化工等领域，依托国家战略性投入，西北地区也逐步形成了面向现代产业体系的科技创新体系。未来西北地区将国家性的产业体系与国家性的科技力量有效结合，对积极推动军民融合、科技成果转化，具有重要的现实意义。

在激发人才创新活力方面，西北地区面临最重大的问题是，由于自然气候、经济发展阶段等原因，西北地区的人才吸引力下降成为制约创新驱动高质量发展的瓶颈。未来西北地区必须全面加强生态环境建设、提升城市人居环境品质、塑造文化魅力名片，着力打造城市软实力，提高城市的吸引力和活力。这对吸引和集聚创新企业、创新人才至关重要。

在完善科技创新体制机制方面，加大围绕创新领域的东西部合作和体制机制创新至关重要。搭建多元化的平台，积极创建机构合作、人才柔性引进体制机制保障，构建中东部科技成果、科技研发资源与西北地区产业体系的联系桥梁，特别在能源化工、清洁能源、重大技术装备制造等领域，具有重要意义。

3.对各省区的创新要求

习近平总书记2013年2月在甘肃考察时，针对金川集团和兰州新区的发展，重点强调了实施创新驱动发展战略，必须紧紧抓住科技创新这个核心和培养造就创新型人才这个关键，瞄准世界科技前沿领域，不断提高企业自主创新能力和竞争力。

习近平总书记在考察宁夏时，重点强调了要发挥创新驱动作用，推动产业向高端化、绿色化、智能化、融合化方向发展。要加快建立现代农业产业体系、生产体系、经营体系，让宁夏更多特色农产品走向市场。

习近平总书记在考察陕西时，重点强调了要坚定信心、保持定力，加快转变经济发展方式，把实体经济特别是制造业做实做强做优，推进5G、物联网、人工智能、工业互联网等新型基建投资，加大交通、水利、能源等领域投资力度，补齐农村基础设施和公共服务短板，着力解决发展不平衡不充分问题。要围绕产业链部署创新链、围绕创新链布局产业链，推动经济高质量发展迈出更大步伐。

4. 小结

结合西北地区诸多国家重大战略功能布局和产业体系特点，创新驱动是保证国之重器的战略性功能，是持续提高综合实力的基础，同时也是各级城镇实现城市发展动能转型升级的必经之路。在西北地区普遍面临人才流失、创新动能不足的困境下，发挥中心城市的人才吸引力，借力产业基础优势寻求东西部地区的创新合作，大力培育国家布局的战略性创新机构，通过筑巢实现引凤，同时通过体制机制保障，全面激发高质量发展的创新动能。

第四节　文化传承

针对西北五省区内部历史文化资源情况，正如前文所述，陕西、甘肃在充分发挥本省文化资源优势，构建文化领域的“一带一路”倡议支点，传承和弘扬中华文化方面，承担着最为重要的战略使命。

一、陕西的政策要求

陕西是中国的文化大省，西安是中国历史上最重要的千年古都，其历史文化资源丰富、底蕴深厚、多元灿烂。习近平总书记2020年4月在陕西考察时就提出，陕西是中华民族和华夏文明重要发祥地之一。要加大文物保护力度，弘扬中华优秀传统文化、革命文化、社会主义先进文化，培育社会主义核心价值观，加强公共文化产品和服务供给，更好满足人民群众精神文化生活需要。

陕西作为中华民族和华夏文明重要发祥地之一，其传承和弘扬中华文化，绝不仅仅是对文物、文保单位的简单保护，国家对于陕西的文化传承要求，已经超越了文化资源保护的层面，上升到了中华民族精神象征的层面。

习近平总书记明确提出，秦岭和合南北、泽被天下，是我国的中央水塔，是中华民族的祖脉和中华文化的重要象征。保护好秦岭生态环境，对确保中华民族长盛不衰、实现“两个一百年”奋斗目标、实现可持续发展具有十分重大而深远的意义。因此秦岭破坏生态环境的事件不仅仅是对生态环境的破坏，更是对中华文化象征和符号的污损，只有从文化角度深入理解陕西，才能够探索出确保中华民族长盛不衰的科学正确的发展路径。

同时陕西也是中国革命圣地、红色文化圣地，总书记高度赞扬延安精神培育了一代代中国共产党人，是共产党的宝贵精神财富。因此弘扬和传承好红色文化，不仅是资源保护的要去，更是立党立国的基础。

二、甘肃的政策要求

2013年国务院办公厅已经正式批复支持甘肃省建设华夏文明传承创新区，这是首个国家级文化发展战略平台。华夏文明传承创新区的“一带”是东西横贯甘肃境内1600多公里的丝绸之路文化产业带。“三区”是以始祖文化为核心的陇东南文化历史区、以敦煌文化为核心的河西走廊文化生态区、以黄河文化为核心的兰州都市圈文化产业区。华夏文明传承创新区的“十三板块”是文化遗产保护、民族文化传承、古籍整理出版、红色文化弘扬、赛事会展举办等13项具体工作。

2019年习近平总书记在甘肃考察时，重点调研了敦煌、嘉峪关、高台

等文化重镇。

在敦煌，总书记提出要铸就中华文化新辉煌，就要以更加博大的胸怀，更加广泛地开展同各国的文化交流，更加积极主动地学习借鉴世界一切优秀文明成果。研究和弘扬敦煌文化，既要深入挖掘敦煌文化和历史遗存蕴含的哲学思想、人文精神、价值理念、道德规范等，更要揭示蕴含其中的中华民族的文化精神、文化胸怀，不断坚定文化自信。要加强对国粹传承和非物质文化遗产保护的支持和扶持，加强对少数民族历史文化的研究，铸牢中华民族共同体意识。要推动敦煌文化研究服务共建“一带一路”，加强同沿线国家的文化交流，增进民心相通。要加强敦煌学研究，广泛开展国际交流合作，充分展示我国敦煌文物保护和敦煌学研究的成果。要关心爱护科研工作者，完善人才激励机制，为科研工作者开展研究、学习深造、研修交流搭建更好平台，提高科研队伍专业化水平。

在嘉峪关，总书记提出长城凝聚了中华民族自强不息的奋斗精神和众志成城、坚韧不屈的爱国情怀，已经成为中华民族的代表性符号和中华文明的重要象征。要做好长城文化价值发掘和文物遗产传承保护工作，弘扬民族精神，为实现中华民族伟大复兴的中国梦凝聚起磅礴力量。

在高台，总书记提出，新中国是无数革命先烈用鲜血和生命铸就的。要深刻认识红色政权来之不易，新中国来之不易，中国特色社会主义来之不易。西路军不畏艰险、浴血奋战的英雄主义气概，为党为人民英勇献身的精神，同长征精神一脉相承，是中国共产党人红色基因和中华民族宝贵精神财富的重要组成部分。我们要讲好党的故事，讲好红军的故事，讲好西路军的故事，把红色基因传承好。

甘肃的高质量发展任务中，必须构建以敦煌文化、长城文化、黄河文化、始祖文化、红色文化、民族民俗文化六大主题为文化保护基底，“丝路文化”“红色文化”“长城文化”为主要保护线路，敦煌、酒泉—嘉峪关、兰州、天水、庆阳、陇中南、甘南—临夏为核心保护区，世界文化遗产、历史文化名城名镇名村、重点文物保护单位、红色文化纪念地等点状要素为支撑的历史文化资源保护体系。建立历史文化资源的保护空间体系和活化利用政策，是当前和未来一段时间的最主要任务之一。

三、小结

保护和传承多元文化是西北地区高质量发展的要求，同时也是西北地区实现高质量发展的突破口。因此西北地区的文化保护与传承，不仅仅是物质层面单纯简单的保护措施，而是如习近平总书记要求的要上升到精神层面，需要开展的文化建设行动。以保护空间体系为基础，建立各类资源的活化利用体系，在西北地区广域的土地面积上，统筹谋划、整体推进，建立国家性的文化体验与休闲廊道，寻求西北地区的文化整体性提升，是提升中华民族文化自信的重要支撑。

第三章　趋势与结构：

高质量发展评价体系

第一节　高质量评价体系构建

目前学术界关于西北地区高质量发展的研究主要集中在经济与产业、人口与城镇化以及生态保护等方面。原伟鹏等从经济方面探究改革开放40年来西北地区的高质量发展格局：GDP整体呈上升趋势，与全国平均水平的差距逐步缩小[59]。苏旭峰等构建了城镇化高质量发展指标体系，西北地区城镇化高质量发展水平逐步上升[60]。李同昇等认为实现西北地区生态保护与高质量发展协同推进的关键在于提高生态系统稳定性、构建水安全保障体系、多元化发展绿色经济等[61]。既有研究大多从某一维度探究西北地区高质量发展，未能系统构建一个包含多个维度的评价体系，且技术方法较为复杂、数据获取难度较大，每年动态更新成本相对较高。因此本章从西北地区的特征出发，构建一个多维度的、易于更新的高质量发展评价体系。

一、评价思路

首先从西北地区的特征出发，确定评价体系的构成维度，然后综合考虑评价指标的代表性和数据可获得性，确定每个维度下的评价指标。将评价指标分为两类：重点监测指标和一般监测指标。重点监测指标以省域为空间统计单元，主要分析西北地区整体层面的高质量发展情况，数据连续完整、易于收集、技术方法简单、计算量较小，可实现每年动态更新；一般监测指标以市域为空间统计单元，主要探究西北地区内部结构关系的变化情况，技术方法相对复杂且计算量较大，数据更新周期相对较长。

二、评价维度

梳理考虑国家对西北地区的发展要求，以及目前学术界对西北地区的关注领域，结合西北地区地缘、生态、资源等特征，本节从社会民生、创

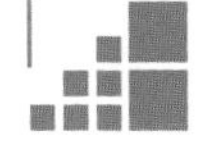

新开放、生态安全、历史文化四个维度评价西北地区高质量发展情况。

《关于新时代推进西部大开发形成新格局的指导意见》（简称意见）中，打好三大攻坚战是西北地区的首要任务。虽然2020年已全面建成小康社会，贫困县全部摘帽，但西北地区与东部地区经济发展水平依然较大。在关于西北地区的相关研究中，约20%的文献研究视角为社会民生领域，包括经济发展、产业结构、公共服务等方面[62-66]。民生事业发展情况关系到西北地区的社会稳定，对我国未来的发展起到至关重要的作用，故将社会民生维度纳入评价体系。

不断提升创新发展能力是新时代西北地区的发展要求，《意见》指出以共建“一带一路”为引领，加大西部开放力度。目前学术界对西北地区对外开放和科技创新领域关注较少，故将创新开放作为评价体系的研究维度之一。

梳理近十年来对西北地区的相关研究发现，约58%的文献聚焦于西北地区生态安全（如图3-1-1所示），主要涉及生态脆弱性、气温和降水特征等方面[67]。西北地区的生态保护对全国的生态安全意义重大，因此生态安全应当作为评价体系的研究维度之一。

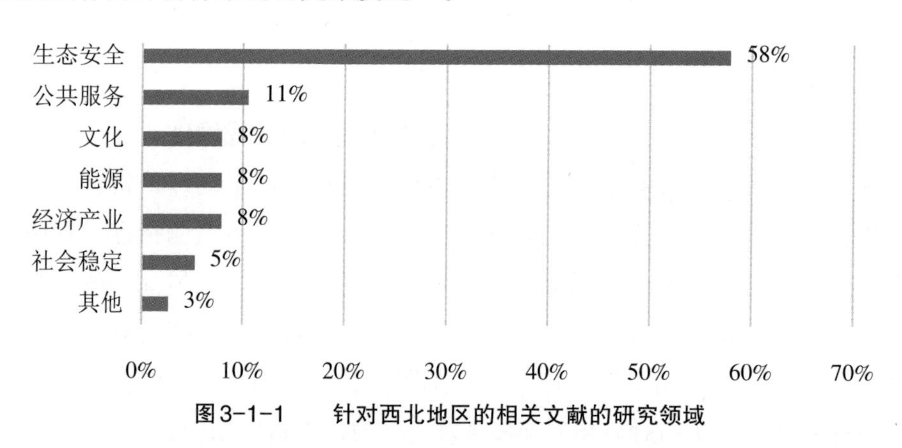

图3-1-1　针对西北地区的相关文献的研究领域

西北地区文化特色独树一帜，包括始祖文化、边塞文化、西域文化、西夏文化、丝路文化以及民族宗教文化等[68]。《意见》提出支持甘肃、陕西充分发掘历史文化优势，发挥丝绸之路经济带重要通道、节点作用。丝绸之路经济带贯穿西北五省区，未来将有效带动文化产业的发展，因此应将历史文化作为评价体系的研究维度之一。

三、评价指标

针对西北地区高质量发展的重点监测指标有16个（见表3-1-1），一般监测指标有24个（见表3-1-2），为了保证数据连续完整，核心数据主要来自统计公报和统计年鉴。除了统计公报等官方数据源外，本文引用的既有科研成果来源还有：碳排水平、碳汇水平指标引自学者Jiandong Chen计算的“中国县级二氧化碳排放量和陆地植被固碳量”[69]；生物多样性价值指标引自徐新良计算的“陆地生态系统服务价值空间分布数据集”[70]。

表3-1-1　重点监测指标一览表

评价维度	序号	评价指标
社会民生维度	1	边境城市生产总值总量
	2	城镇登记失业人口数
	3	基层医疗卫生机构数量
	4	一般公共预算教育经费
生态安全维度	5	造林面积
	6	平均AQI指数
	7	清洁能源发电量占比
	8	突发环境事件数量
创新开放维度	9	R&D经费支出占比
	10	开展创新活动企业数量
	11	对外文化交流次数
	12	接待境外游客数量
历史文化维度	13	演出展览等文化活动数量
	14	人均拥有公共图书馆藏量
	15	城市文化设施数量
	16	文化市场经营机构营业利润

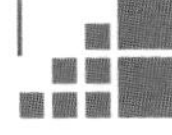

表3-1-2　一般监测指标一览表

评价维度	序号	评价指标
社会民生维度	1	常住人口数量
	2	养老保险参保率
	3	医疗保险参保率
	4	失业保险参保率
	5	登记失业率
生态安全维度	6	碳汇水平变化率
	7	碳排水平变化率
	8	城市绿地率
	9	城市人均公园绿地
	10	空气质量优良天数
	11	生物多样性价值
创新开放维度（创新）	12	财政科技经费支出占比
	13	R&D经费支出占地区生产总值比重
	14	每万人R&D人员数量
	15	万人高校在校学生数
	16	百万人拥有普通高等院校数量
	17	国家级科研机构数量
	18	双一流大学数量
	19	每万人科技服务人才数量
	20	每万人申请专利数
	21	每万人学术论文数量
创新开放维度（开放）	22	进出口总额占地区生产总值的比重
	23	外商直接投资合同项目数量
	24	每万元地区生产总值实际使用外资金额
	25	每万人接待入境人数

续表3-1-2

评价维度	序号	评价指标
创新开放维度（开放）	26	百度指数检索热度
	27	迁徙规模指数
	28	外资餐饮零售连锁店铺密度
	29	每万人公路客运量
	30	每万人民用航空客运量
	31	一类口岸个数
	32	综合保税区个数

四、评价指标汇总方法

重点监测指标数量较少，不进行指标计算即可反应西北地区高质量发展情况。一般监测指标数量较多，首先将每个维度下的指标标准化（公式1），再将每个指标加权求和得到该维度下每个统计单元的评价得分（公式2）。通常指标权重由专家打分法确定，主观性较强，本文通过梳理关于高质量发展评价体系的既有文献，统计每篇文献中使用的指标，被使用较多的指标权重较高，反之权重较低（公式3）。

$$e_{ij} = \frac{X_{ij} - \min_j}{\max_j - \min_j} \tag{1}$$

$$E_i = \sum_{j=1}^{j=n} w_j \cdot e_{ij} \tag{2}$$

$$w_j = \frac{n_j}{N} \tag{3}$$

公式1中X_{ij}为某维度下第i个城市第j个指标原始值，e_{ij}为标准化之后的指标值，min为该维度下第j个指标的最小值，max为该维度下第j个指标的最大值。公式2中E_i为某维度下第i个城市的评价得分，w_j为第j个指标的权重，n为该维度下的指标个数。公式3中N为既有高质量发展评价体系文献总数量，n_j为其中引用第j个指标的文献数量。

第二节　社会民生维度分析

一、重点监测指标

社会稳定维度共包括边境城市生产总值总量、城镇登记失业人口数、基层医疗卫生机构数量、一般公共预算教育经费四项重点监测指标（见表3-2-1）。数据结果显示：2016—2019年边境城市生产总值持续上升，年均增速10%左右；2018—2019年期间城镇登记失业人口数减少2.4万人，基层医疗卫生机构数量减少约700个，一般公共预算教育经费增加212万元。

表3-2-1　社会民生维度重点监测指标一览表

指标名称	单位	时间	数据来源
边境城市生产总值总量	万元	2015—2019年	统计公报
城镇登记失业人口数	万人	2015—2019年	《中国城市统计年鉴》
基层医疗卫生机构数量	个	2015—2019年	《中国社会统计年鉴》
一般公共预算教育经费	万元	2015—2019年	《中国社会统计年鉴》

1.边境城市生产总值总量

西北地区边境城市包括哈密市、昌吉回族自治州、伊犁哈萨克自治州、博尔塔拉蒙古自治州、巴音郭楞蒙古自治州、阿克苏地区、克孜勒苏柯尔克孜自治州、喀什地区、和田地区、阿勒泰地区、塔城地区。分析数据表明，该边境城市生产总值总量2015—2016年有所下降；2016—2019年快速增长，由6724万元增至9502万元，平均每年增长10%左右（见表3-2-2、图3-2-1）。

表3-2-2　2015—2019年西北地区边境城市每年生产总值总量增速

时间段	2015—2016年	2016—2017年	2017—2018年	2018—2019年
生产总值总量增速	-11.7%	14.8%	9.9%	12.0%

边境城市生产总值总量（万元）
10000
9000
8000
7000
6000
5000
4000
3000
2000
1000
0
7618.5
6724.4
7720.31
8483.42
9502.81
2015
2016
2017
2018
2019

图3-2-1　2015—2019年西北地区边境城市生产总值总量统计图

2.登记失业人口数量

登记失业人口数量是反应就业情况的重要指标。整体来看，西北地区登记失业人口数量在2015—2018年呈上升趋势；2018—2019年呈下降趋势，由53.3万人下降到51.2万人。从各省区单看，2018—2019年期间新疆和青海登记失业人口数量下降，陕西省保持稳定，甘肃省稍有上升（如图3-2-2所示）。

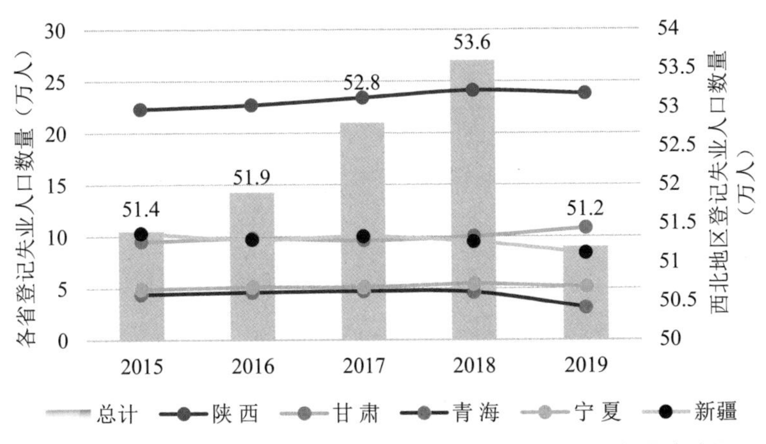

图3-2-2　2016—2019年西北地区各省区登记失业人口数量统计图

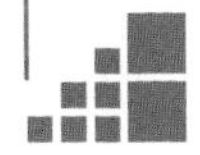

2015—2019年，西北地区基层医疗卫生机构数量整体保持稳定。分省区来看，2017—2019年，甘肃的基层医疗卫生机构数量下降最为明显，其他省区均保持稳定（如图3-2-3所示），甘肃应注重基层医疗卫生设施建设。

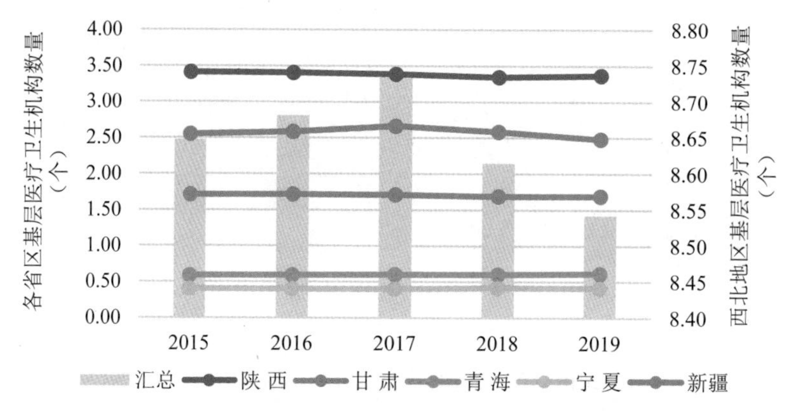

图3-2-3　2016—2019年基层医疗卫生机构数量统计图

西北地区整体的一般公共预算教育经费持续上升，由2015年的2190万元升至2019年的2843万元，各省区教育经费支出均呈现稳步增加的趋势。分省区来看，教育经费的增速与教育经费总量基本成正比，陕西、新疆教育经费总量最大，上升速度较快；其次为甘肃；青海、宁夏总量较小，增速也相对较慢（如图3-2-4所示）。这反映出西北地区内部的教育经费投入仍有差距，青海、宁夏需要持续加强。

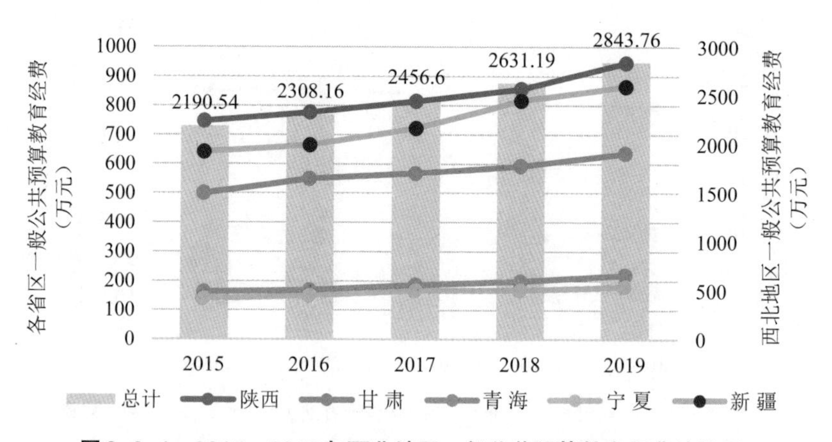

图3-2-4　2015—2019年西北地区一般公共预算教育经费统计图

二、一般监测指标

1.评价指标

社会稳定维度一般监测指标包括：常住人口数量、养老保险参保率、医疗保险参保率、失业保险参保率、登记失业率（见表3-2-3）。

表3-2-3　一般监测指标统计表

指标	单位	年份	数据来源	备注
常住人口	万人	2017—2019年	《统计年鉴》	—
养老保险参保率	%	2017—2019年	《统计年鉴》	该指标为养老保险参保人数与常住人口数量的比值
医疗保险参保率	%	2017—2019年	《统计年鉴》	该指标为医疗保险参保人数与常住人口数量的比值
失业保险参保率	%	2017—2019年	《统计年鉴》	该指标为失业保险参保人数与常住人口数量的比值
登记失业率	%	2017—2019年	《统计年鉴》	计算中取登记失业率的倒数评价社会民生维度

2.总体评价结果

就总体评价结果来看，西北地区内部整体西部优于东部，新疆、青海的各市州排名比较靠前；甘肃、宁夏、陕西排名较前的城市主要为省会及周边城市（如图3-2-5所示）；陕西西安排名首位；排名前十位的城市中，新疆有四个城市（克拉玛依市、乌鲁木齐市、伊犁哈萨克自治州、昌吉回族自治州）。统计各省区的平均值，新疆排名首位，其次为青海、陕西、甘肃、宁夏（见表3-2-4、表3-2-5）。

表3-2-4　各省区一般监测指标平均值

新疆	青海	陕西	甘肃	宁夏
0.36	0.29	0.26	0.23	0.22

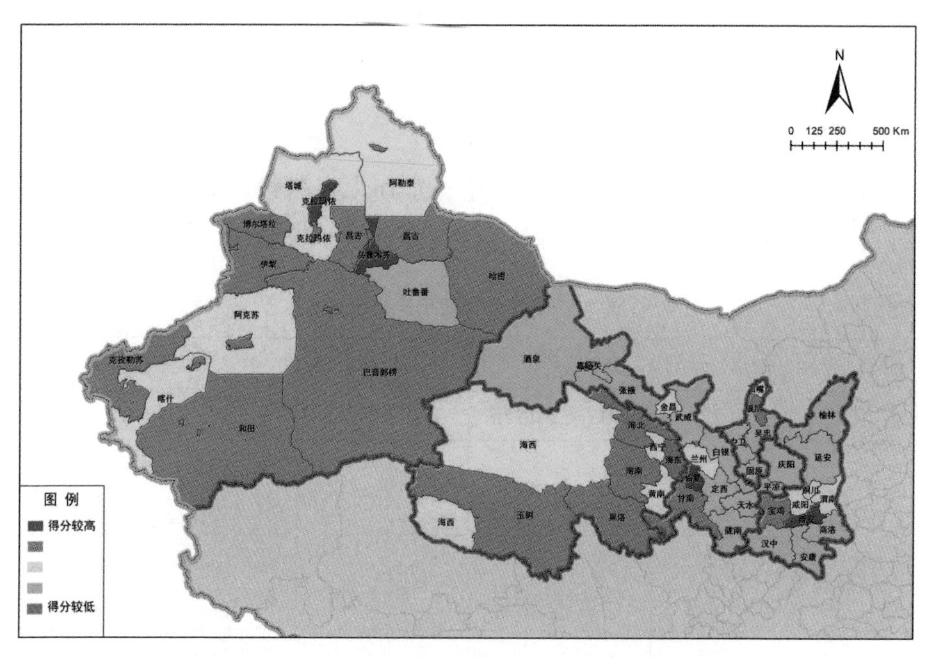

图3-2-5　2019年社会稳定维度一般监测指标评价图

表3-2-5　2019年西北各省区城市一般监测指标排名

排名	城市所属省区	城市名称	得分	排名区间
1	陕西	西安市	0.54	排名 前20%
2	新疆	克拉玛依市	0.52	
3	新疆	乌鲁木齐市	0.46	
4	甘肃	临夏回族自治州	0.45	
5	新疆	伊犁哈萨克自治州	0.43	
6	陕西	宝鸡市	0.42	
7	甘肃	嘉峪关市	0.41	
8	青海	果洛藏族自治州	0.41	
9	新疆	昌吉回族自治州	0.39	
10	甘肃	甘南藏族自治州	0.38	

续表3-2-5

排名	城市所属省区	城市名称	得分	排名区间
11	宁夏	银川市	0.38	排名 20%～40%
12	新疆	巴音郭楞蒙古自治州	0.38	
13	新疆	克孜勒苏柯尔克孜自治州	0.37	
14	青海	海北藏族自治州	0.36	
15	新疆	和田地区	0.36	
16	新疆	哈密市	0.35	
17	青海	玉树藏族自治州	0.34	
18	青海	海南藏族自治州	0.34	
19	新疆	博尔塔拉蒙古自治州	0.34	
20	甘肃	兰州市	0.32	
21	新疆	阿克苏地区	0.32	排名 40%～60%
22	新疆	阿勒泰地区	0.31	
23	新疆	喀什地区	0.3	
24	宁夏	石嘴山市	0.28	
25	陕西	渭南市	0.27	
26	青海	黄南藏族自治州	0.25	
27	陕西	咸阳市	0.25	
28	新疆	塔城地区	0.25	
29	青海	海西蒙古族藏族自治州	0.25	
30	甘肃	金昌市	0.24	
31	陕西	铜川市	0.24	排名 60%～80%
32	青海	西宁市	0.23	
33	新疆	吐鲁番市	0.21	
34	陕西	榆林市	0.21	

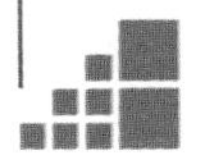

续表3-2-5

排名	城市所属省区	城市名称	得分	排名区间
35	陕西	汉中市	0.21	排名 60%～80%
36	甘肃	白银市	0.19	
37	陕西	延安市	0.18	
38	宁夏	吴忠市	0.17	
39	甘肃	天水市	0.17	
40	甘肃	酒泉市	0.16	
41	陕西	商洛市	0.16	排名 后20%
42	陕西	安康市	0.15	
43	甘肃	定西市	0.15	
44	甘肃	张掖市	0.14	
45	甘肃	平凉市	0.14	
46	甘肃	武威市	0.14	
47	宁夏	中卫市	0.13	
48	甘肃	庆阳市	0.13	
49	甘肃	陇南市	0.13	
50	宁夏	固原市	0.12	
51	青海	海东市	0.11	

3.常住人口

常住人口数量是反映一个城市社会经济发展情况的基础指标，西北地区常住人口分布呈现“东西多、中部少”的整体格局（见图3-2-6），新疆西部、甘肃南部、宁夏、陕西人口分布较多，新疆东部、青海、甘肃西部人口分布较少。

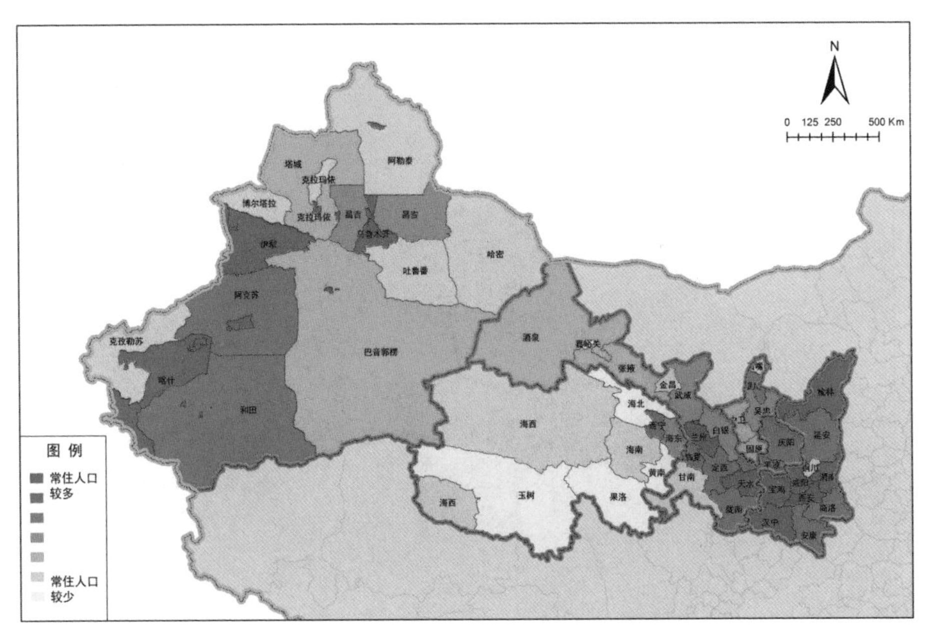

图3-2-6 西北地区常住人口数量分布示意图

4. 养老保险参保率

西北地区养老保险参保率较高的城市主要为各省区省会及周边城市，包括新疆乌鲁木齐市、伊犁哈萨克自治州，甘肃兰州市、临夏回族自治州，宁夏银川市等地（见图3-2-7）。甘肃、青海等位于西北地区中部的城市参保率较低，与常住人口分布情况基本吻合。

5. 医疗保险参保率

西北地区各城市医疗保险参保率呈现"西部高、东中部低"的整体格局。新疆的大部分地区以及西安、宝鸡、兰州、临夏等地医疗保险参保率较高（见图3-2-8）。结合常住人口分布情况来看，陕西、宁夏、甘肃三省人口较多的城市医疗保险参保率反而较低，应当持续提升社会保障水平。

6. 失业保险参保率

西北地区失业保险参保率与常住人口分布情况基本吻合。各省区省会及周边城市参保率较高，青海、甘肃两省大部分城市的参保率整体较低（见图3-2-9）。青海省南部的市州应当着重提升失业保险参保水平。

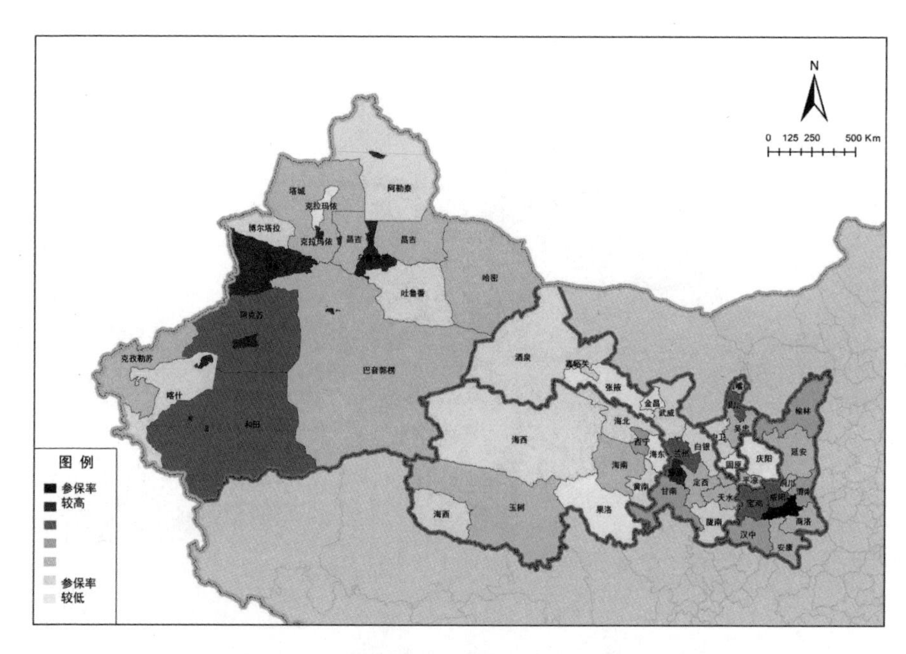

图3-2-7 西北地区各城市养老保险参保率示意图

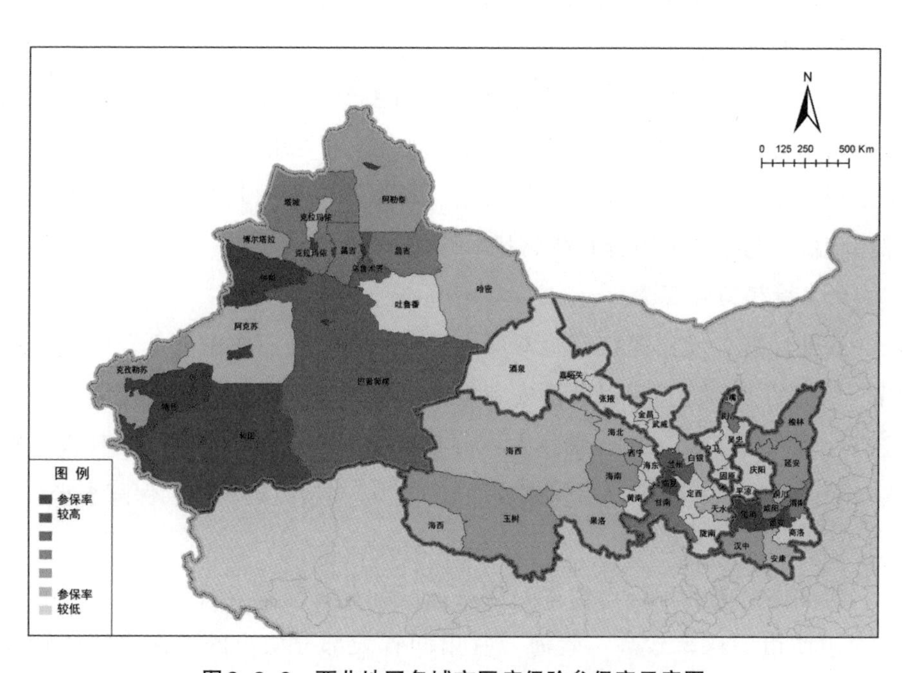

图3-2-8 西北地区各城市医疗保险参保率示意图

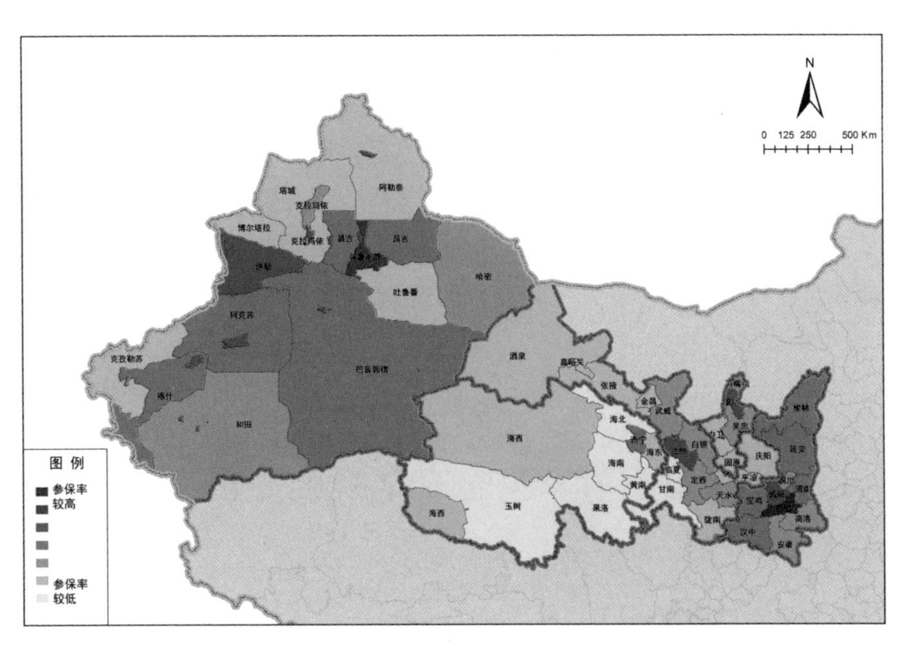

图3-2-9 西北地区各城市失业保险参保率示意图

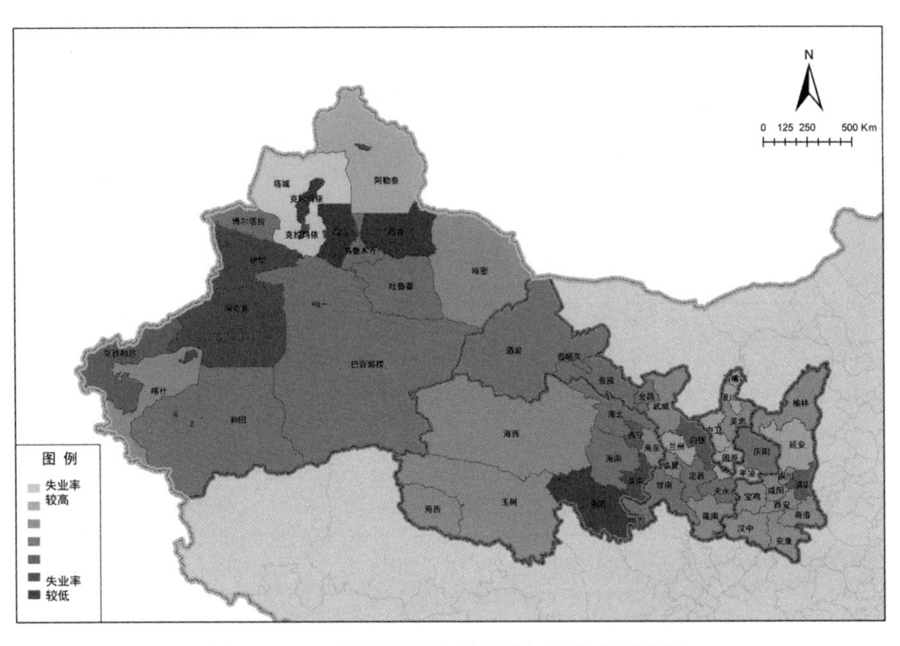

图3-2-10 西北地区各城市登记失业率示意图

（注：计算指标为登记失业率的倒数）

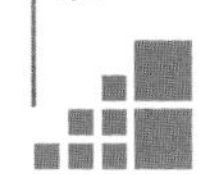

7.登记失业率

西北地区登记失业率较低的城市主要集中在新疆东部、北部的伊犁哈萨克自治州、昌吉回族自治州、克拉玛依市、阿克苏地区，以及青海省南部的果洛藏族自治州。人口分布较多的陕西、宁夏、甘肃三省区的登记失业率也相对较高（如上页图3-2-10所示）。因此，西北地区在注重经济发展的同时，应当进一步保证比较充分的就业，把失业率控制在较低水平。

第三节　生态安全维度分析

一、重点监测指标

生态安全维度的重点监测指标包括：造林总面积、平均AQI指数、清洁能源发电量占比、突发环境事件数量四项指标（见表3-3-1）。数据结果显示：2018—2019年期间西北地区每年造林面积略有下降，空气质量整体下降，清洁能源发电量占比稳步增加，突发环境事件数量从2013年的144件减少至2019年的41件。

表3-3-1　生态安全维度重点监测指标一览表

指标名称	单位	时间	数据来源
造林总面积	hm^2	2015—2019年	《中国环境统计年鉴》
平均AQI指数	—	2015—2019年	中国环境监测总站
清洁能源发电量占比	%	2017—2019年	《中国电力统计年鉴》
突发环境事件数量	个	2015—2019年	《中国环境统计年鉴》

1.造林总面积

2016—2018年西北地区整体造林总面积呈上升趋势，2018—2019年有所下降。从各省区的情况单看：陕西、甘肃每年造林总面积最大，规模均在3500 km^2左右；其次为新疆、青海、宁夏；青海省2015—2019年期间造林总面积上升最快，由1100 km^2上升至2200 km^2（如图3-3-1所示）。

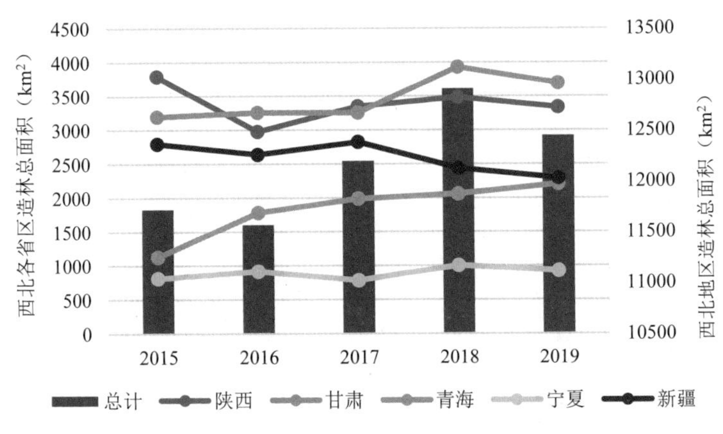

图3-3-1　2018—2020年西北地区各省区造林总面积变化图

2. 平均AQI指数

2015—2018年期间，西北地区各省区AQI呈下降趋势，空气质量逐渐好转，但2018—2019年期间AQI出现上升趋势，空气质量转差。整体来看，空气质量最好的省份为青海；其次为甘肃、宁夏、陕西、新疆（如图3-3-2所示）。

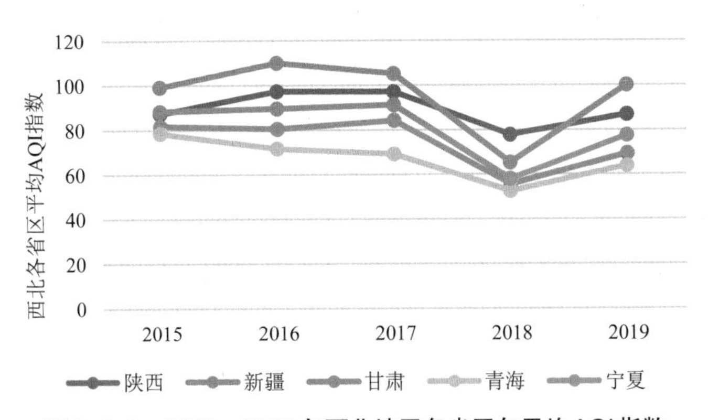

图3-3-2　2016—2020年西北地区各省区年平均AQI指数

3.清洁能源发电量占比

2015—2019年期间，西北地区清洁能源发电量占总发电量的比例由24%上升至31%。从各省区的情况单看：各省区清洁能源发电占比整体呈上升趋势，青海省占比最高，一直保持在80%左右；其次为甘肃、新疆、宁夏、陕西（如图3-3-3所示）。

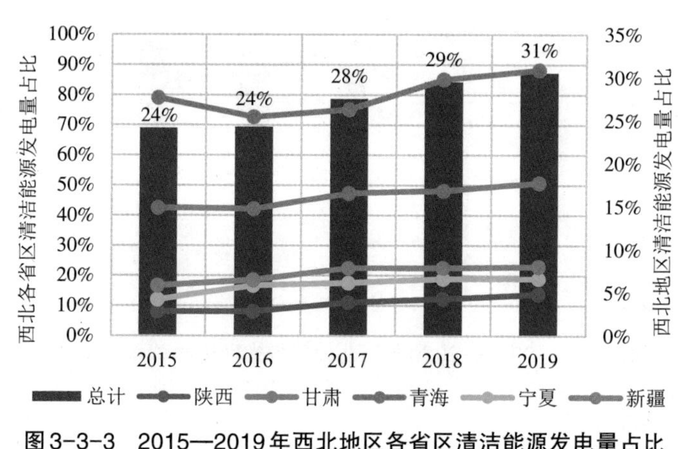

图3-3-3　2015—2019年西北地区各省区清洁能源发电量占比

二、一般监测指标

1.评价指标

生态安全维度的评价主要采用了碳汇水平变化率、碳排水平变化率、城市绿地率、城市人均公园绿地面积、空气质量优良天数、生物多样性价值6个指标（如表3-3-2所示）。

2.总体评价结果

整体来看，新疆中部、甘肃南部以及陕西大部分城市的生态安全维度监测排名靠前（见表3-3-3、图3-3-4）；排名前三位的城市为新疆伊犁哈萨克自治州、陕西延安市、新疆巴音郭楞蒙古自治州；新疆边境城市、甘肃北部以及青海南部城市排名靠后；排名后三位的城市为新疆克孜勒苏柯尔克孜自治州、甘肃武威市、甘肃金昌市。排名靠后的城市需要进一步提升生态水平。

表3-3-2　一般监测指标一览表

指标名称	时间	数据来源
碳汇水平变化率	2000—2017年	County-level CO_2 emissions and sequestration in China during 1997—2017
碳排水平变化率	2019—2017年	
城市绿地率平均变化率	2015—2019年	《城市建设统计年鉴》
森林生态系统面积平均变化率	1980—2015年	中科院地理科学与资源研究所
空气质量优良天数平均变化率	2015—2019年	中国环境监测总站
生物多样性价值	2015年	中科院地理科学与资源研究所

表3-3-3　西北地区各城市生态安全维度一般监测指标评分一览表

排名	城市所属省区	城市名称	得分	排名区间
1	新疆	伊犁哈萨克自治州	0.74	排名前20%
2	陕西	延安市	0.49	
3	新疆	巴音郭楞蒙古自治州	0.48	
4	新疆	昌吉回族自治州	0.43	
5	陕西	榆林市	0.41	
6	陕西	西安市	0.41	
7	陕西	汉中市	0.38	
8	陕西	宝鸡市	0.38	
9	青海	海西蒙古族藏族自治州	0.35	
10	甘肃	甘南藏族自治州	0.35	排名20%～40%
11	甘肃	陇南市	0.34	
12	陕西	商洛市	0.33	
13	陕西	安康市	0.33	

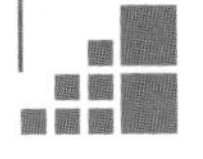

续表3-3-3

排名	城市所属省区	城市名称	得分	排名区间
14	甘肃	天水市	0.33	排名 20%～40%
15	新疆	阿克苏地区	0.33	
16	陕西	渭南市	0.32	
17	宁夏	银川市	0.32	
18	宁夏	固原市	0.31	
19	陕西	咸阳市	0.31	排名 40%～60%
20	新疆	阿勒泰地区	0.3	
21	甘肃	兰州市	0.3	
22	甘肃	平凉市	0.29	
23	甘肃	定西市	0.28	
24	甘肃	庆阳市	0.28	
25	新疆	博尔塔拉蒙古自治州	0.27	
26	宁夏	吴忠市	0.26	
27	宁夏	石嘴山市	0.26	
28	宁夏	中卫市	0.24	排名 60%～80%
29	新疆	喀什地区	0.24	
30	陕西	铜川市	0.23	
31	新疆	塔城地区	0.23	
32	新疆	和田地区	0.23	
33	青海	西宁市	0.23	
34	新疆	吐鲁番市	0.21	
35	甘肃	酒泉市	0.21	
36	青海	玉树藏族自治州	0.2	
37	甘肃	张掖市	0.2	

续表 3-3-3

排名	城市所属省区	城市名称	得分	排名区间
38	新疆	乌鲁木齐市	0.2	排名后 20%
39	甘肃	临夏回族自治州	0.19	
40	甘肃	嘉峪关市	0.18	
41	新疆	哈密市	0.18	
42	甘肃	白银市	0.18	
43	青海	海东市	0.17	
44	新疆	克拉玛依市	0.17	
45	甘肃	金昌市	0.16	
46	甘肃	武威市	0.15	
47	新疆	克孜勒苏柯尔克孜自治州	0.09	

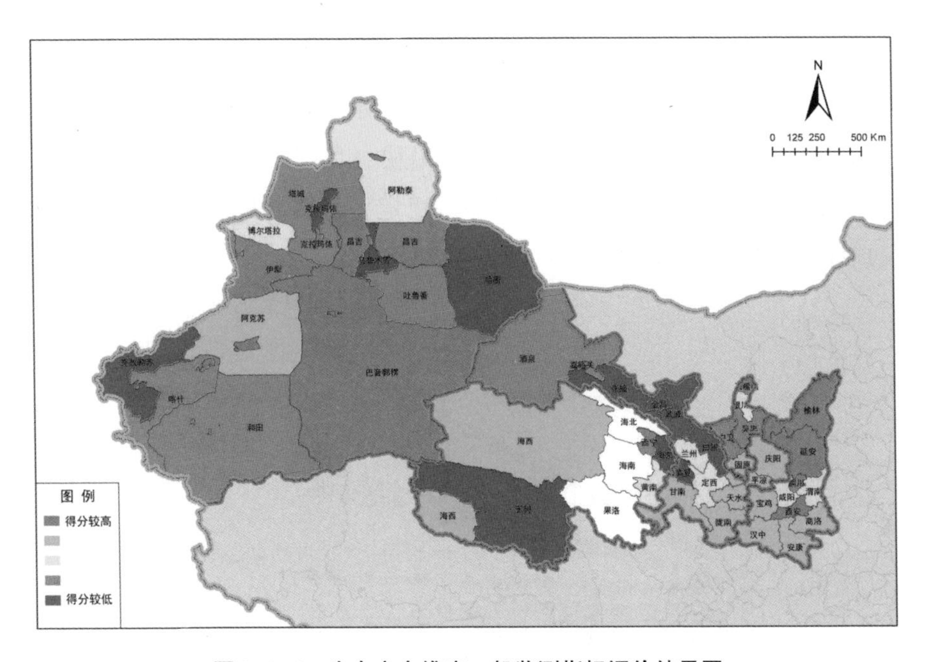

图3-3-4　生态安全维度一般监测指标评价结果图

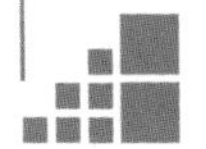

3.碳排碳汇水平

（1）碳汇水平

2000—2017年期间，西北地区的碳汇水平呈整体上涨趋势（见图3-3-5），但在2010—2014年期间出现过波动，2015年往后基本保持稳定。西北地区碳汇水平约占全国的16%，2000—2017年期间在此基础上上下浮动。

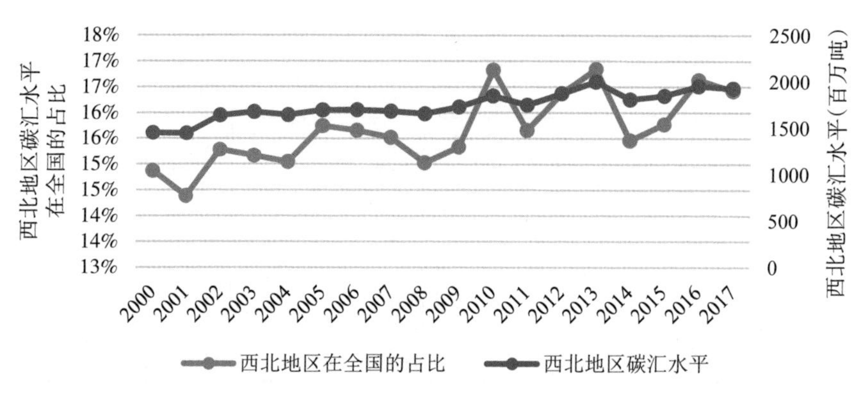

图3-3-5　2000—2017年西北地区碳汇水平变化图

数据结果显示：碳汇水平由高到低的省区依次为新疆、甘肃、陕西、青海、宁夏。2000—2017年以来，宁夏碳汇水平基本保持稳定，其余四省区均保持一定程度的增长，新疆的增速最快（见图3-3-6）。从各省区碳汇水平占全国的比重来看，五省区均保持稳定，且西北地区在全国碳汇能力中的地位没有发生明显变化（见图3-3-7）。

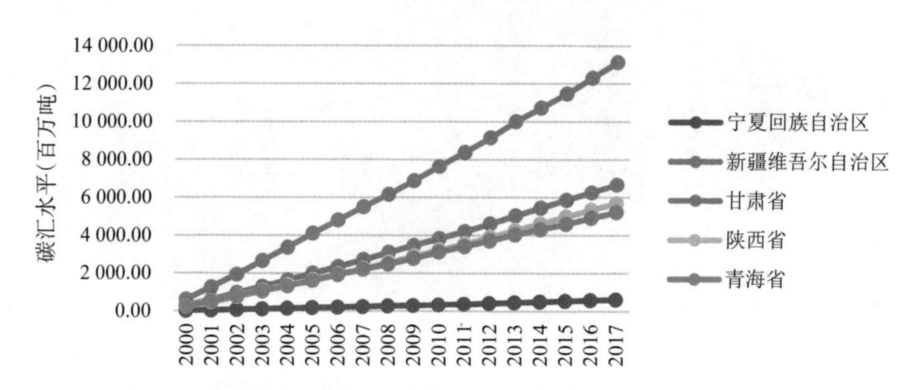

图3-3-6　西北地区各省区2000—2017年期间碳汇水平变化图

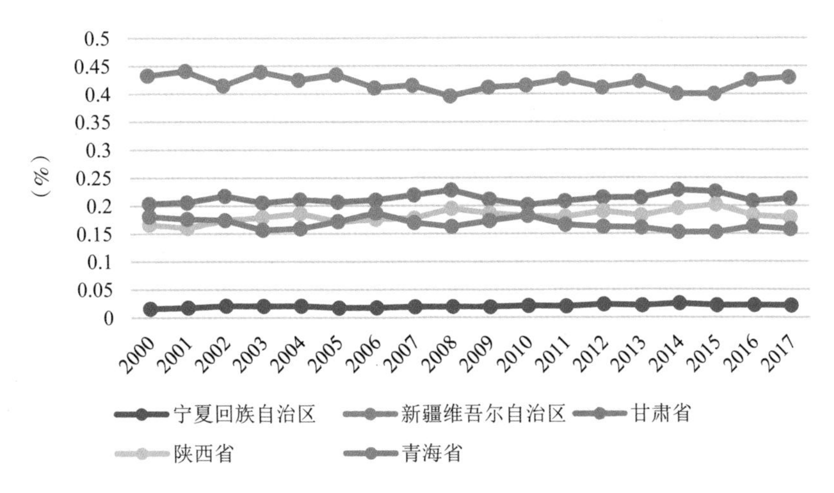

图3-3-7　西北地区各省区2000—2017年期间碳汇水平在全国占比变化图

（2）碳排水平

整体来看，西北地区碳排水平由高到低的省区依次为陕西、新疆、甘肃、宁夏、青海；五省区均保持较快的增长速度，其中陕西和新疆的增速最快（见图3-3-8）。统计各省区碳排水平占全国的比重，数据表明：陕西虽然碳排水平较高，但2010年以来在全国的占比逐年下降；甘肃在全国的占比也呈下降趋势；宁夏、青海在全国的占比基本保持不变；新疆的碳排水平在全国的占比持续上升（见图3-3-9）。

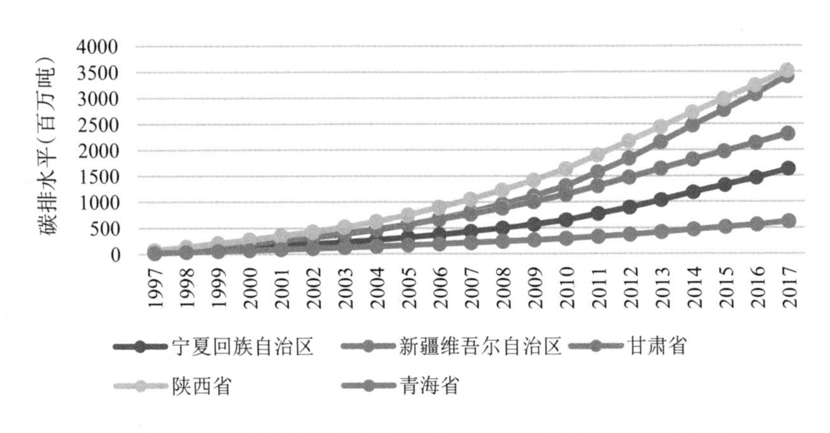

图3-3-8　西北地区各省区1997—2017年期间碳排变化图

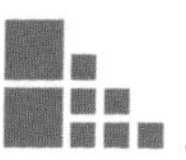

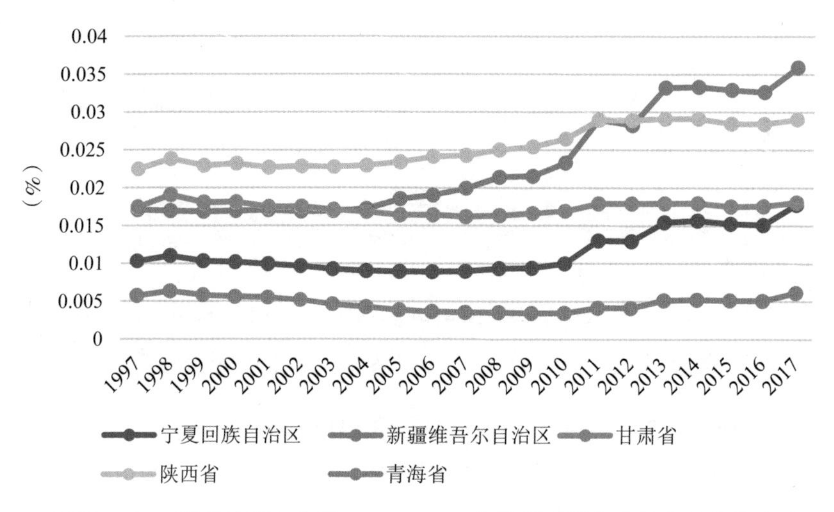

图3-3-9　西北地区各省区1997—2017年期间碳排在全国占比变化图

总体来看，新疆的碳汇和碳排水平均上升快；甘肃的碳汇和碳排水平上升较快，在全国的占比较为平稳；宁夏的碳汇水平较为平稳，但碳排水平上升较快；陕西、青海的碳排和碳汇水平均上升较快（见表3-3-4）。

表3-3-4　西北地区各省区碳汇与碳排特征

省区	碳汇水平	碳汇水平全国占比	碳排水平	碳排水平全国占比
新疆	上升最快	平稳	上升最快	上升较快
甘肃	上升较快	平稳	上升较快	平稳
宁夏	平稳	平稳	上升较快	平稳
陕西	上升较快	平稳	上升较快	下降
青海	上升较快	平稳	上升较快	下降

4.城市绿地率平均变化率

数据分析结果显示：西北地区的38个城市的城市绿地平均变化率为负值，10个城市的城市绿地平均变化率为正值（见表3-3-5）；2015—2019年，西北地区各城市的绿地率整体呈下降趋势，下降幅度最大的城市有新疆和田地区，青海海东市、海西蒙古族藏族自治州，陕西商洛市，宁夏固原市，其下降幅度均超过10%（见表3-3-6）；上升较快的城市位于新疆北部、新疆南部以及陕西南部地区（如图3-3-10所示）。

表3-3-5　城市绿地平均变化率为正值的城市

城市所属省区	城市名称	平均变化率
新疆	塔城地区	4.99%
新疆	巴音郭楞蒙古自治州	2.86%
陕西	安康市	2.36%
新疆	阿勒泰地区	2.28%
新疆	喀什地区	2.04%
陕西	铜川市	2.03%
陕西	延安市	1.01%
甘肃	酒泉市	0.86%
陕西	咸阳市	0.57%
宁夏	银川市	0.04%

表3-3-6　城市绿地平均变化率为负值的前10个城市

城市所属省区	城市名称	平均变化率
新疆	和田地区	-18.72%
青海	海东市	-15.22%
青海	海西蒙古族藏族自治州	-12.80%
陕西	商洛市	-11.27%
宁夏	固原市	-11.02%
新疆	博尔塔拉蒙古自治州	-7.22%
甘肃	武威市	-7.01%
新疆	吐鲁番市	-6.90%
甘肃	兰州市	-5.61%
青海	玉树藏族自治州	-4.28%

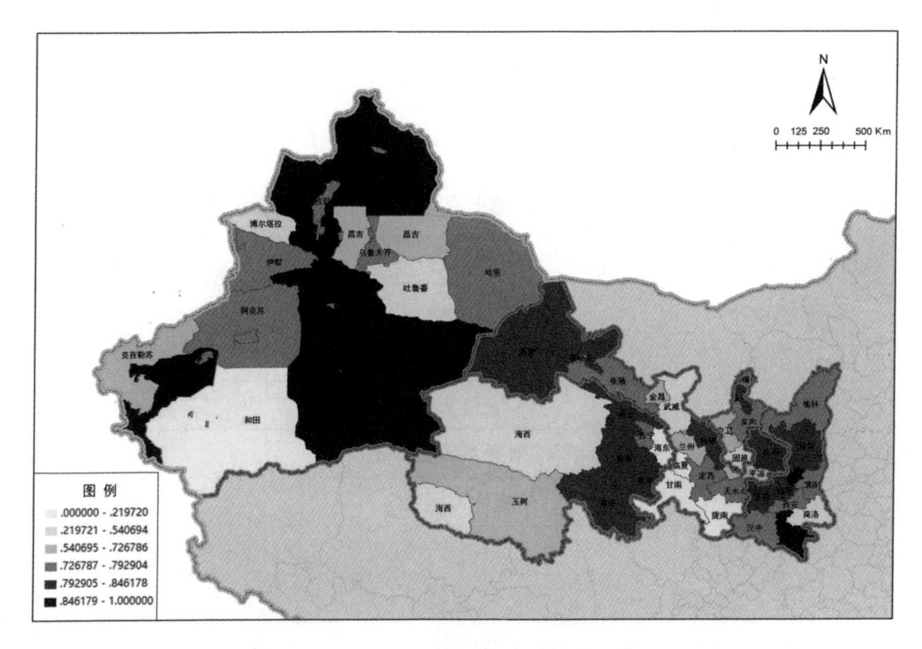

图3-3-10　西北地区各城市城市绿地平均变化率示意图

5.森林生态系统面积变化率

1980—2015年期间，西北地区森林生态系统面积总体呈上升趋势。1980—1990年期间降幅较大，随后开始稳步上升，2010—2015年期间稍有下降（见图3-3-11）。西北地区的森林生态系统主要分布于新疆北部、青海省东南部、甘肃省南部、陕西省中部及南部地区（见图3-3-12）。

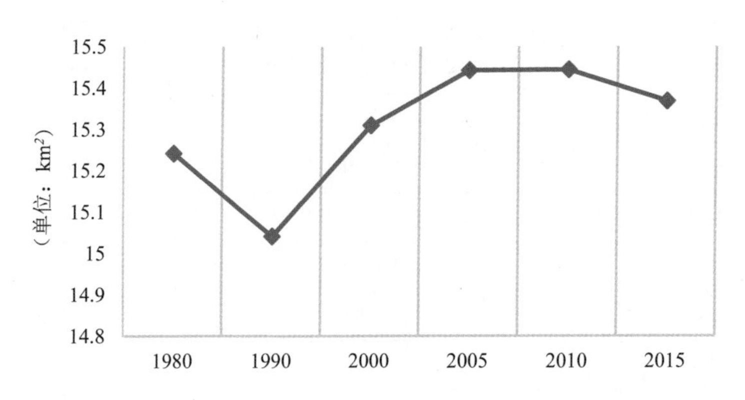

图3-3-11　1980—2015年西北地区森林生态系统面积变化示意图

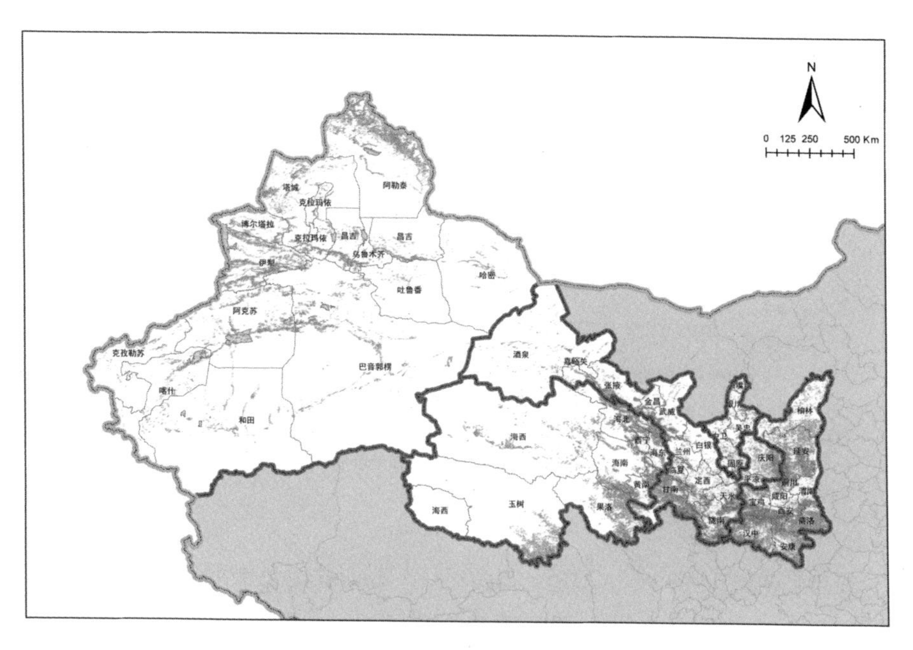

图3-3-12　西北地区森林生态系统分布图

从西北地区各省区每年的森林生态系统面积变化率来看，青海、甘肃、陕西相对稳定，没有出现显著下降的情况；新疆在1980—1990年期间稍有下降，降幅为0.43%；宁夏在2000—2005年期间有明显上升，增幅为2.08%（见表3-3-7、图3-3-13）。

表3-3-7　1980—2015年西北地区各省区森林生态系统面积变化表

省区	各时间段年均变化率					变化趋势图
	1980—1990	1990—2000	2000—2005	2005—2010	2010—2015	
新疆	-0.43%	0.65%	-0.22%	-0.13%	-0.30%	
青海	0.03%	-0.03%	-0.01%	0.00%	-0.02%	
甘肃	-0.01%	-0.07%	0.22%	0.03%	-0.01%	
宁夏	-0.34%	0.71%	2.08%	0.05%	-0.14%	
陕西	-0.08%	0.12%	0.48%	0.08%	-0.06%	

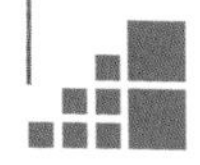

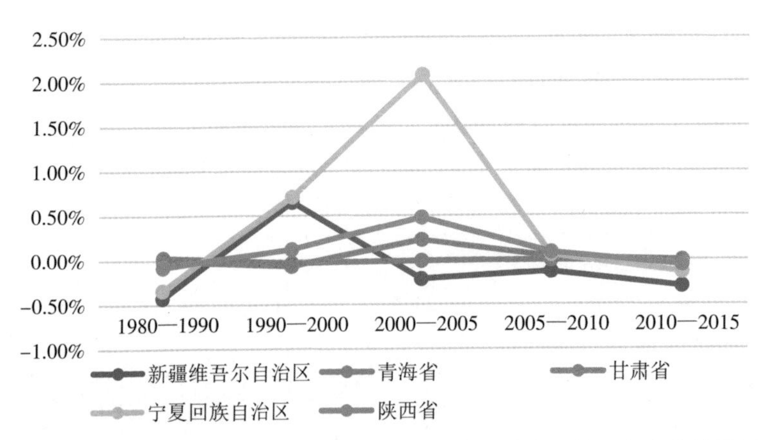

图3-3-13　1980—2015年西北地区各省区森林生态系统面积变化统计图

6.空气质量优良天数平均变化率

统计西北地区各城市2015—2020年空气质量优良天数的总和，来反映2015年以来西北地区各城市空气质量总体情况。数据结果显示：整体来看，空气质量最高的区域分布在青海，甘肃南部（甘南藏族自治州、陇南市、天水市、定西市、平凉市、庆阳市），新疆北部（阿勒泰地区、塔城地区、博尔塔拉蒙古自治州）（如图3-3-14所示）。

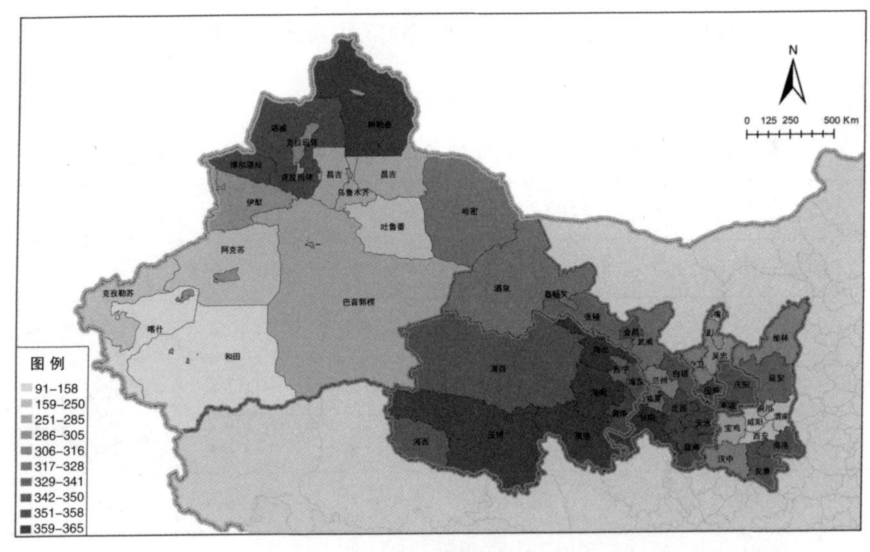

图3-3-14　2015—2020年西北地区各城市空气质量优良天数总和

分年度单看各城市空气质量优良天数：2015年空气质量最高的区域为新疆北部、甘肃南部以及青海南部（见图3-3-15）。2015年以后，青海、甘肃、宁夏、陕西四省区的空气质量迅速上升，其水平与新疆北部地区基本持平；新疆中部、南部为沙漠区域，人烟稀少，空气质量状况变化不大（见图3-3-16、图3-3-17、图3-3-18、图3-3-19、图3-3-20）。

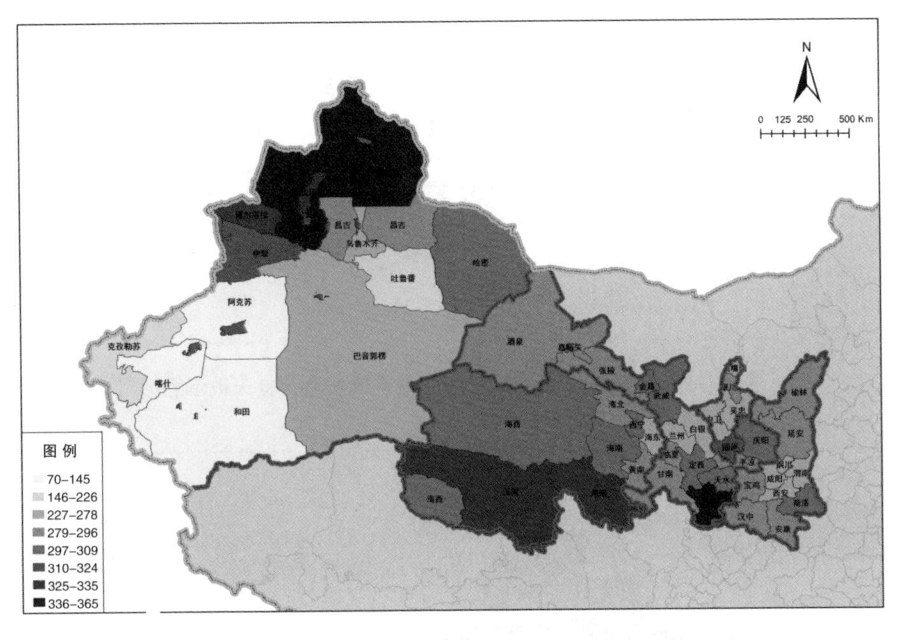

图3-3-15　2015年西北地区各城市空气质量优良天数示意图

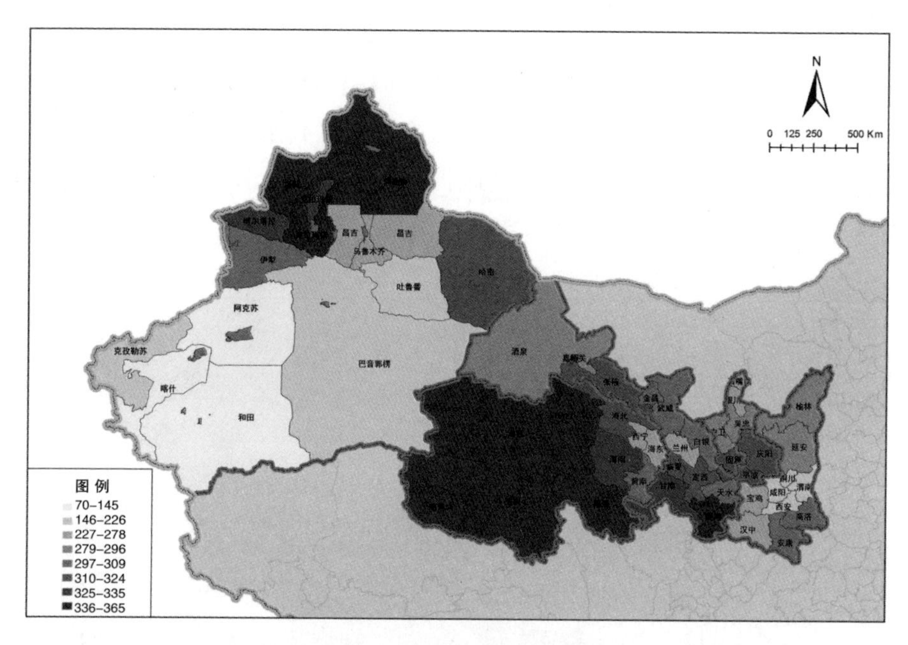

图3-3-16　2016年西北地区各城市空气质量优良天数示意图

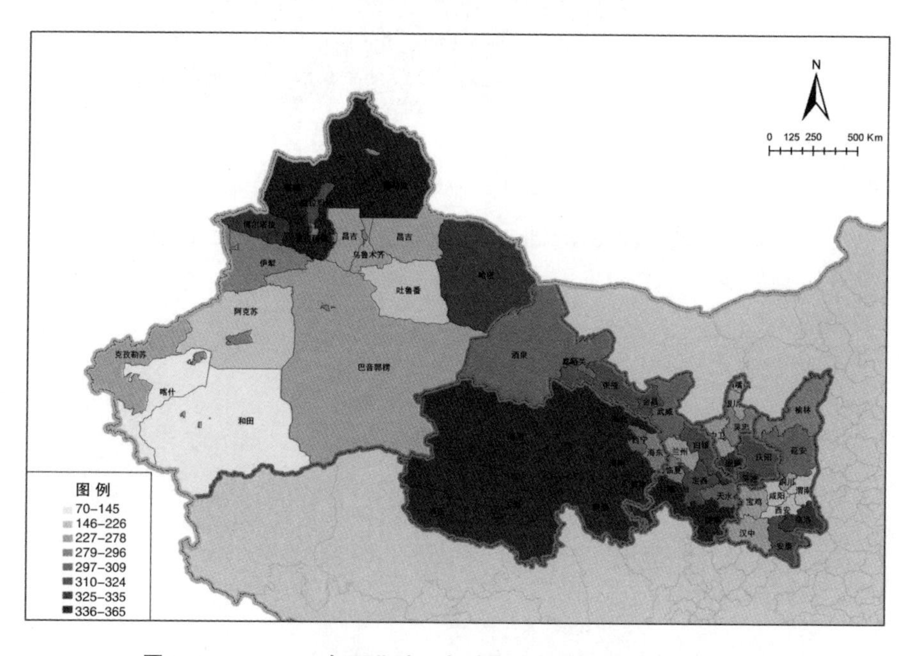

图3-3-17　2017年西北地区各城市空气质量优良天数示意图

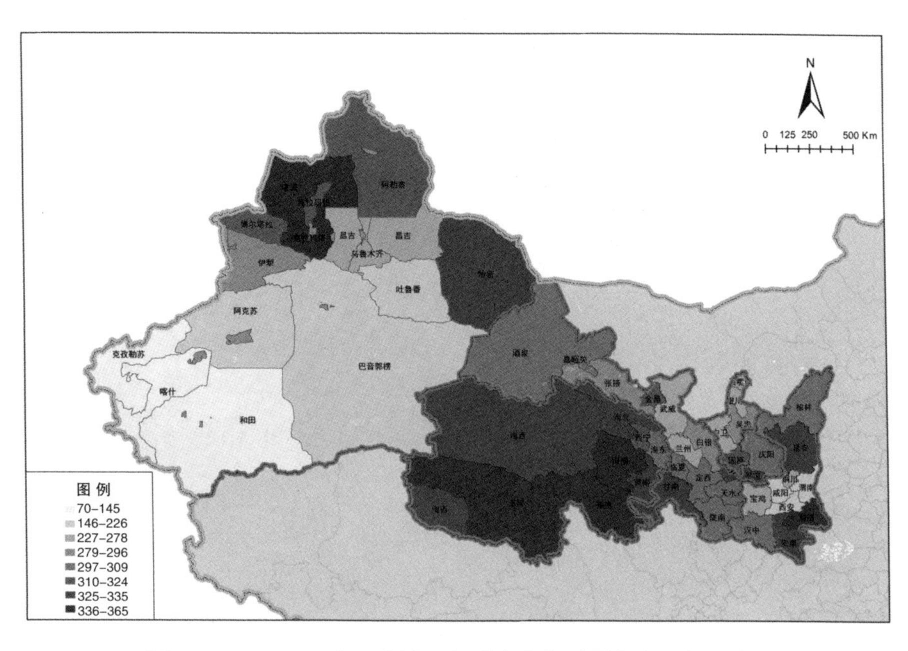

图3-3-18 2018年西北地区各城市空气质量优良天数示意图

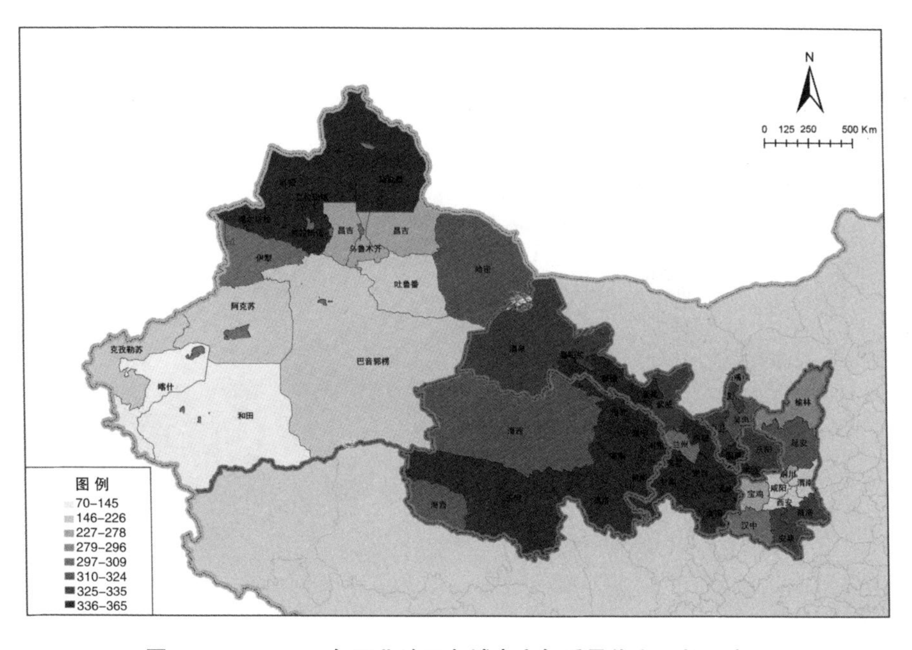

图3-3-19 2019年西北地区各城市空气质量优良天数示意图

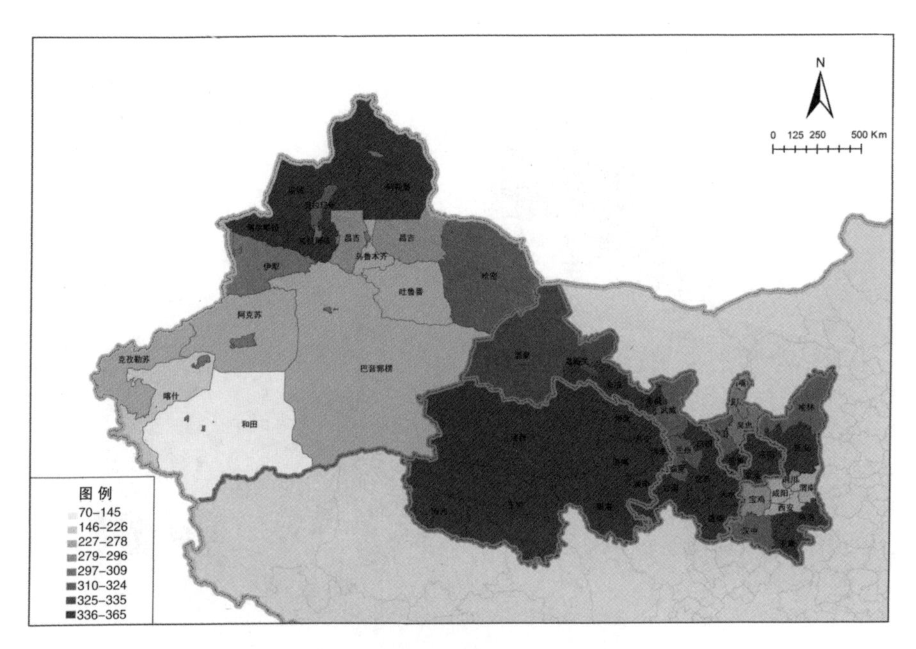

图3-3-20　2020年西北地区各城市空气质量优良天数示意图

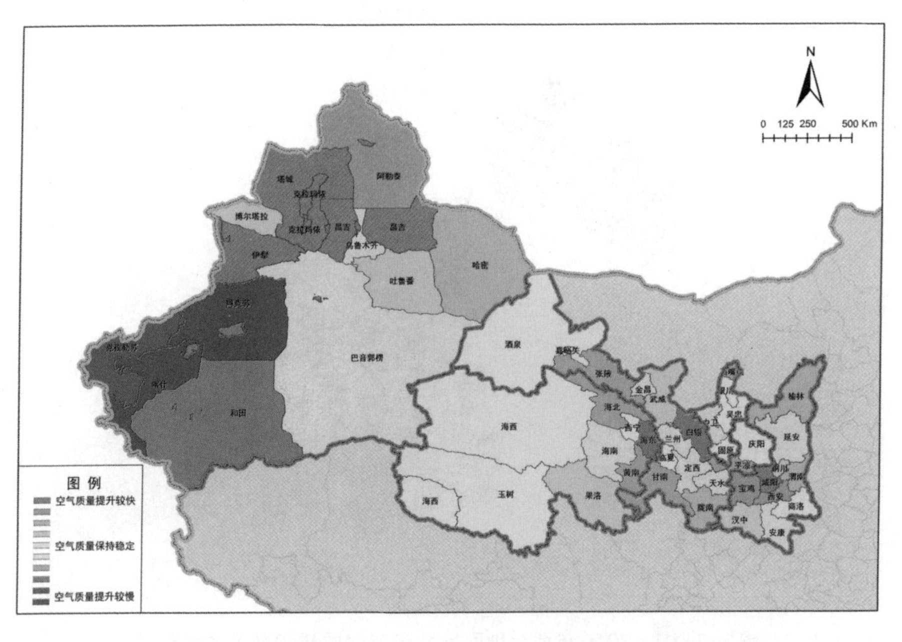

图3-3-21　2015—2020年期间西北地区各城市空气质量优良天数平均变化率示意图

计算2015—2020年期间西北地区各城市空气质量优良天数的平均变化率，定量测度空气质量变化趋势，数据结果显示：新疆西部空气质量上升最快，包括阿克苏地区、喀什地区、克孜勒苏柯尔克孜自治州、和田地区；新疆北部虽然空气质量基础较好，但近几年来呈现略微下降的趋势。

2015—2020年期间空气质量平均变化率为负值的五个城市分别为克拉玛依市、伊犁哈萨克自治州、昌吉回族自治州、塔城地区和咸阳市。其中咸阳市2015—2016年期间空气质量水平大幅下降，2017年以后逐渐回升，其他四个城市在个别年份呈现下降趋势，但整体浮动不大（见上页图3-3-21）。

7.生物多样性价值

生物多样性价值由中科院地理研究所，采用谢高地等提出的生态服务价值当量因子法计算得出，反映某区域生物多样性的丰富程度。从分析结果的整体来看，生物多样性价值较高的地段主要集中于新疆伊犁哈萨克自治州、青海东部、甘肃东南部以及陕西（见图3-3-22）。

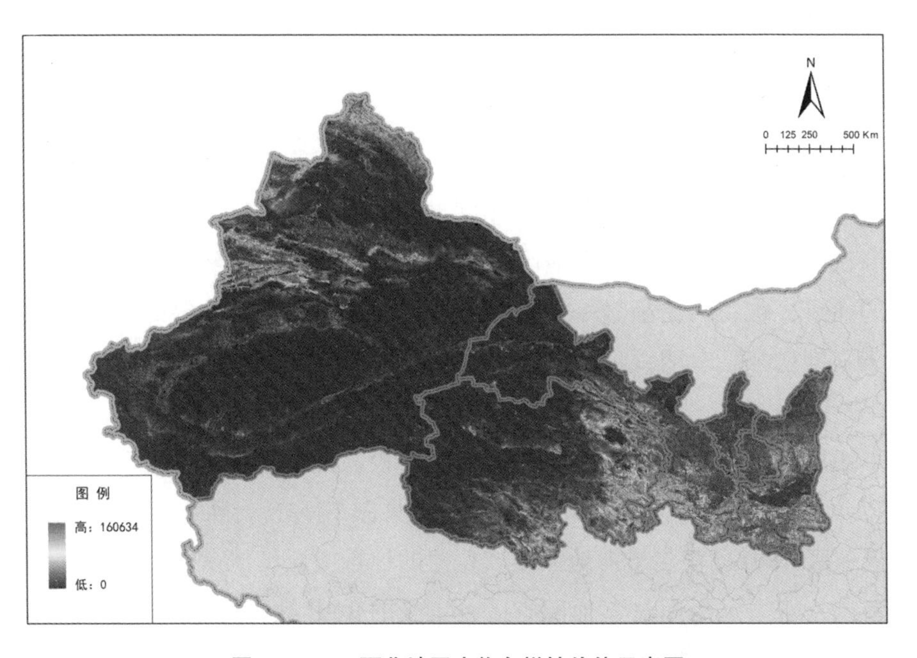

图3-3-22 西北地区生物多样性价值示意图

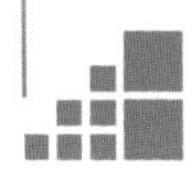

第四节 创新开放维度分析

一、重点监测指标

创新开放评价维度共包括：R&D经费投入强度、科研机构数量、对外文化交流次数和对外交通联系强度四项重点监测指标（见表3-4-1）。

表3-4-1 创新开放维度重点监测指标一览表

指标名称	单位	时间	数据来源
R&D经费投入强度	%	2015—2019年	《中国科技统计年鉴》
科研机构数量	个	2000—2019年	《中国科技统计年鉴》
对外文化交流次数	次	2017—2019年	《中国文化文物和旅游统计年鉴》
对外交通联系强度	万人	2016—2019年	腾讯迁徙大数据平台

1. R&D经费投入强度

R&D经费投入强度是指统计年度内全社会实际用于基础研究、应用研究和试验发展的经费支出占地区生产总值的比重。R&D经费占地区生产总值的比重，被视为是衡量一个地区科技投入水平的最为重要的指标。R&D投入强度增加，表明该地区科技实力不断增强，与发达地区的科技实力差距不断缩小。

2017—2019年，西北五省区R&D经费投入强度总体上呈上升趋势，由2017年的1.43%上升至2019年的1.52%（见图3-4-1）。从2017—2019年西北五省区R&D经费支出占地区生产总值的比重变化情况来看，陕西省科技创新投入水平远远超过其他四省区，宁夏的R&D经费投入强度增速最快，已超过甘肃（见图3-4-2）。

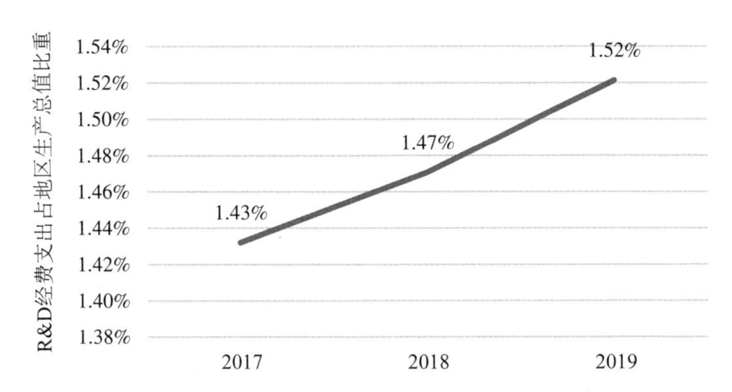

图3-4-1　2017—2019年西北五省区R&D经费投入强度总体情况示意图

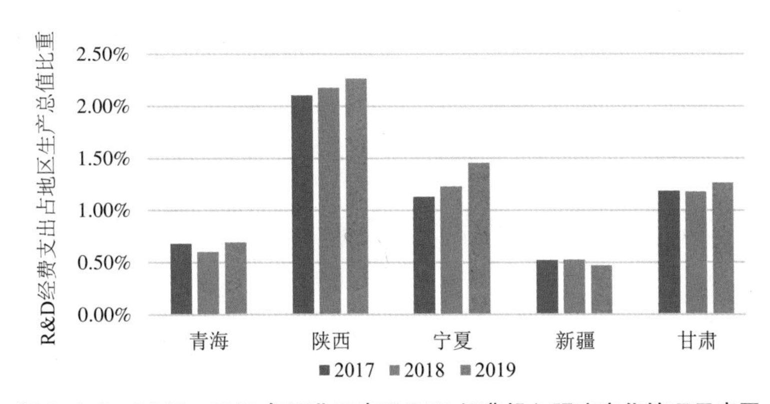

图3-4-2　2017—2019年西北五省区R&D经费投入强度变化情况示意图

2.科研机构数量

从科研机构数量来看，西北五省区的科研机构总数量呈下降趋势，由2015年的371家下降至2019年的343家（见图3-4-3）。其中，陕西、新疆和甘肃的科研机构数量相当，远远超过青海和宁夏，但近年来西北五省区整体科研机构数量均有所下降（见图3-4-4）。

3.对外文化交流次数

对外文化交流次数是指与外国间开展的各类音乐、舞蹈、戏剧、戏曲、杂技、马戏、动物表演、魔术、木偶、皮影、民间文艺表演、时装表演、武术及气功演出、各类美术、工艺美术、民间美术、摄影（图片）、书法、碑帖、篆刻、古代和传统服饰艺术收藏品和专题性文化艺术展览等交流活动的次数。

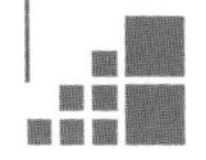

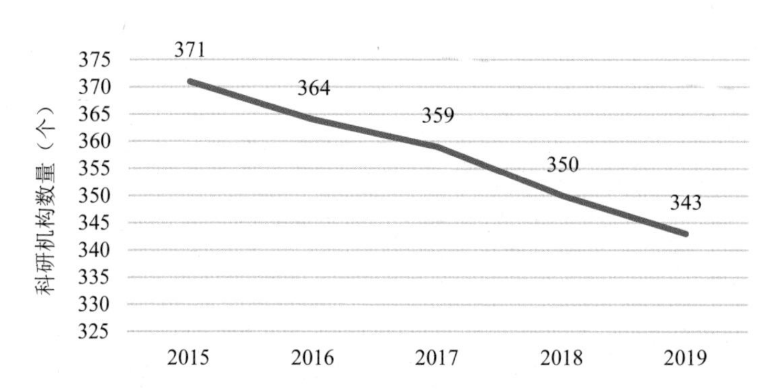

图3-4-3　2015—2019年西北五省区科研机构数量总体情况示意图

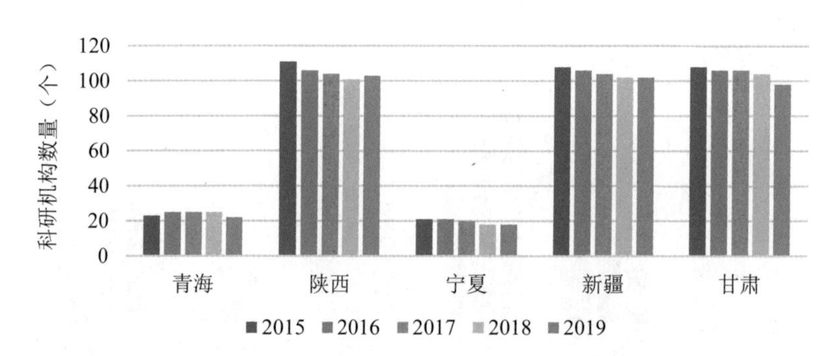

图3-4-4　2015—2019年西北五省区科研机构数量变化情况示意图

总体而言，西北五省区对外文化交流次数无明显规律，2018年对外文化交流活动较少（见图3-4-5）。从各省区单看，甘肃的对外文化交流次数远远超过其他四省区，其次是陕西、宁夏、青海和新疆。陕西、宁夏对外文化交流次数近年来有所减少（见图3-4-6）。

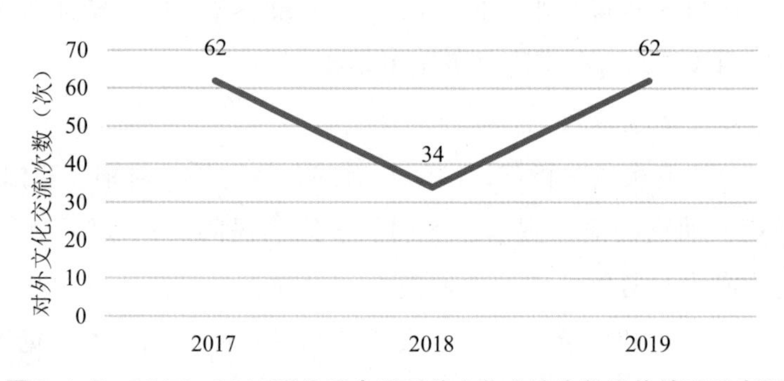

图3-4-5　2017—2019西北五省区对外文化交流次数总体情况示意图

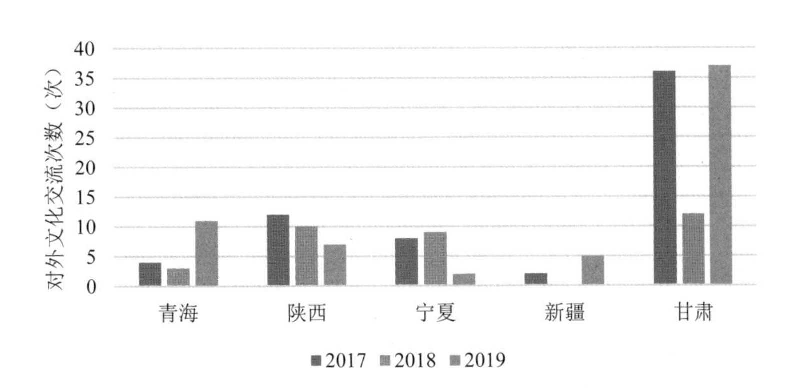

图3-4-6　2017—2019年西北五省区对外文化交流次数变化情况示意图

4.对外交通联系强度

对外交通联系强度是通过腾讯迁徙大数据平台计算得出。西北地区由于地理环境、经济结构等方面的特殊性，对外开放的水平相对落后。统计结果显示，西北地区与国内其他地区之间的联系强度整体呈下降趋势，2018—2019年下降尤为明显（如图3-4-7所示）。

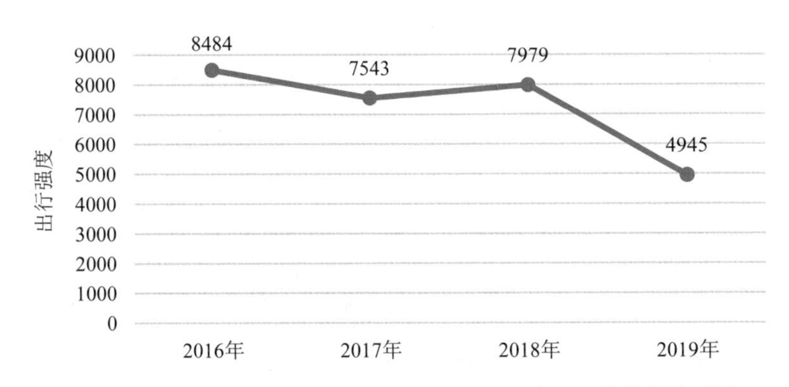

图3-4-7　西北地区与国内其他地区之间交通联系强度变化统计图

从时间维度来看，2019年与2016年相比，西北地区内部各城市之间的联系强度普遍下降，但陕西内部城市间的联系强度较强（见图3-4-8），2016—2019年，西安与咸阳、渭南、宝鸡的联系强度始终位于前三位（见图3-4-9）。由此可见，陕西作为西北地区的门户，未能与西北地区其他城市形成较强的互动关系，未来应当充分加强与其他城市的联动，建立区域

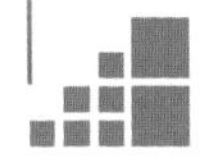

协同机制，推动高质量发展。

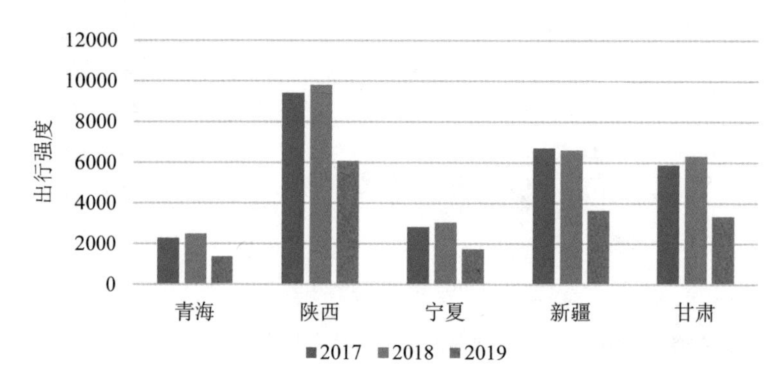

图3-4-8　2017—2019年西北五省区对外交通联系强度变化情况示意图

以省为分析单元，除青海省外，其他省域内部均呈现以省会城市为核心的单中心放射状结构。

陕西可辐射到甘肃东南部（如图3-4-10、图3-4-11所示）；宁夏因省域面积较小，仅与周边少数城市联系较强（如图3-4-12、图3-4-13所示）；可能由于青海省省会的首位度较高，缺少次中心城市，城市网络结构更趋近于“点轴”形态（见表3-4-2），辐射方向以乌鲁木齐市和陕西南部为主（如图3-4-14、图3-4-15所示）；新疆虽位于西北地区边疆位置，但仍可以辐射到其他省区（如图3-4-16、图3-4-17所示）；甘肃地处西北地区中部，依托主要交通干线可辐射到新疆、陕西、宁夏（如图3-4-18、图3-4-19所示）。

表3-4-2　西北地区各省区内城市联系强度与省外辐射范围定性评价表

省区	省内城市联系强度	省外辐射范围
陕西	较强	一般
宁夏	较强	较小
青海	一般	一般
新疆	较强	较大
甘肃	较强	较大

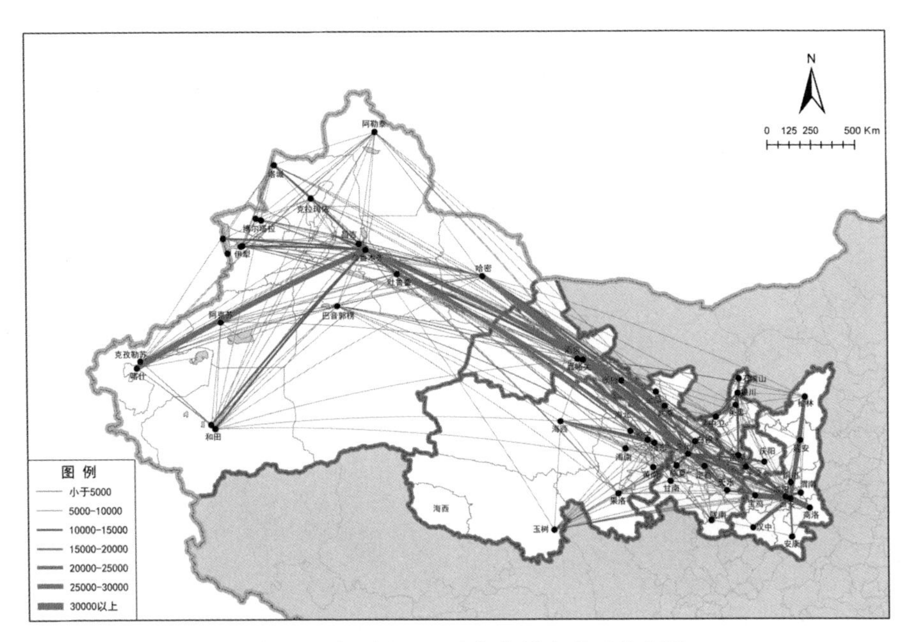

（a）2016年西北地区内部各城市联系强度图

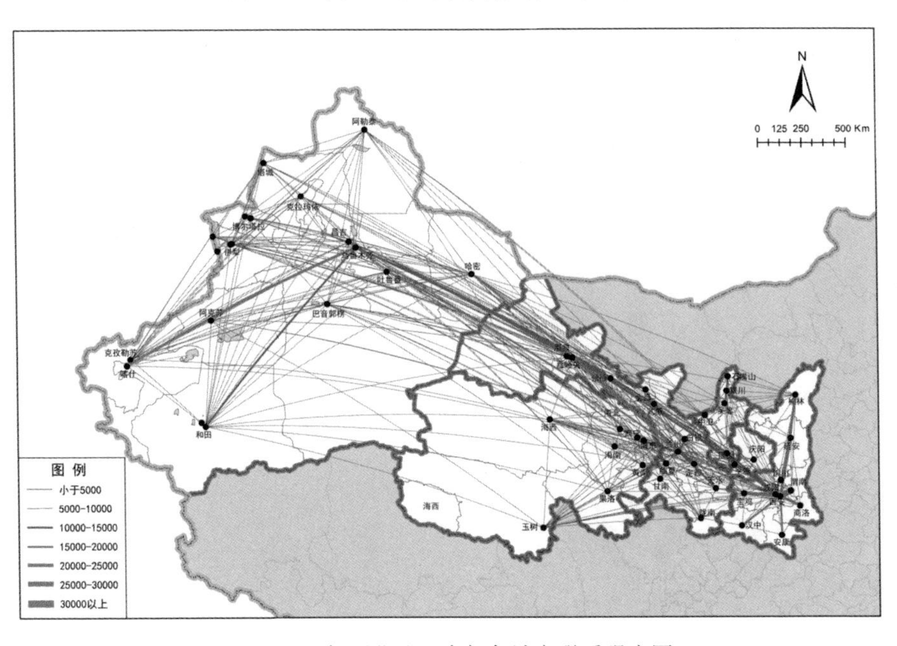

（b）2019年西北地区内部各城市联系强度图

图3-4-9　西北地区内部各城市间联系强度示意图

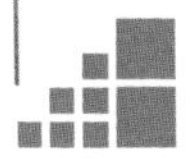

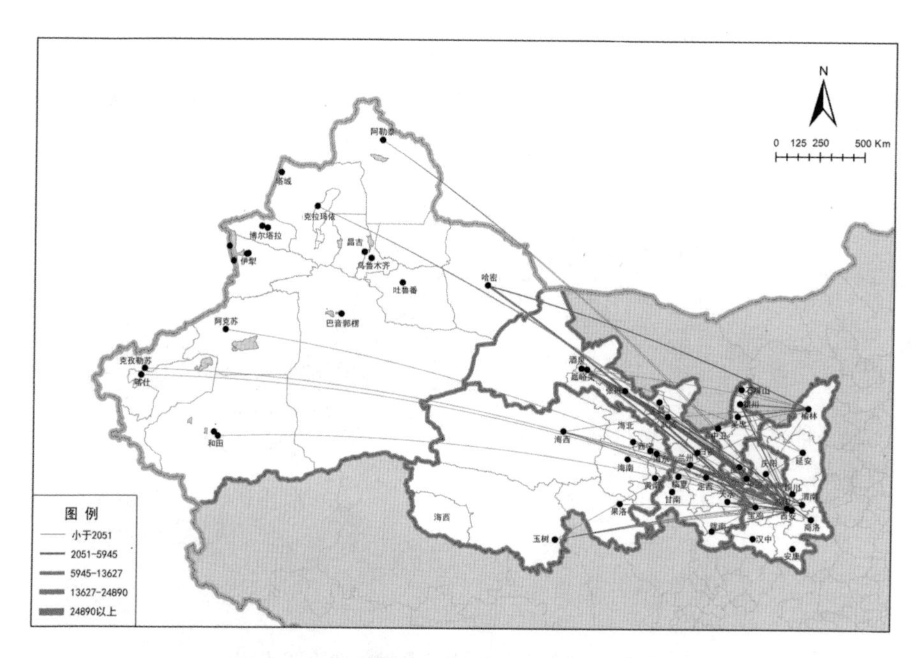

图3-4-10 陕西与省外城市联系强度示意图

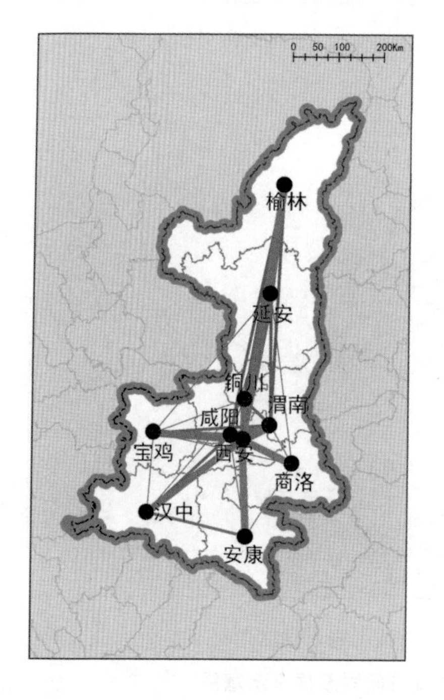

图3-4-11 陕西省内城市联系强度示意图

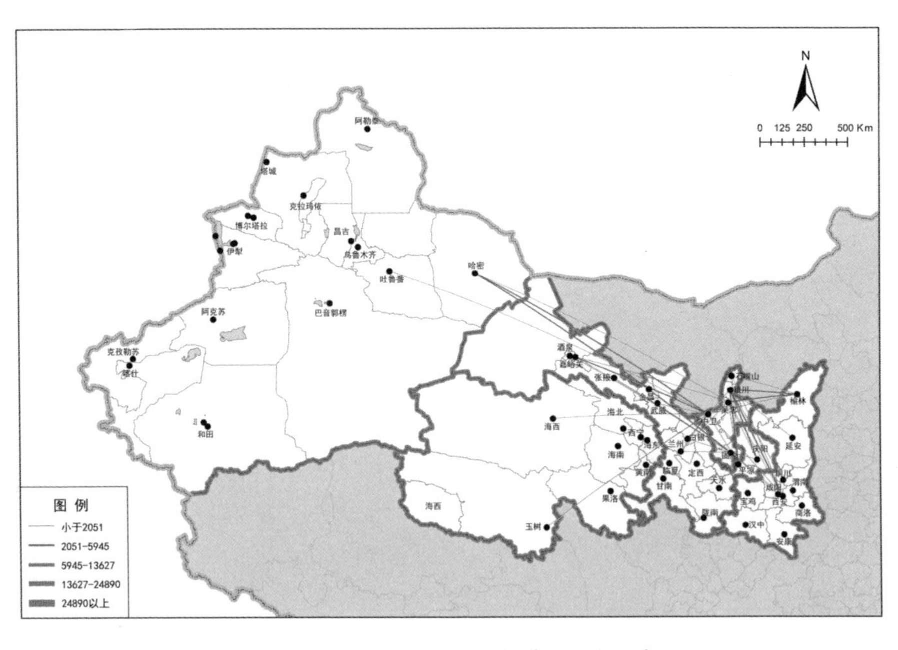

图3-4-12　宁夏与省外城市联系强度示意图

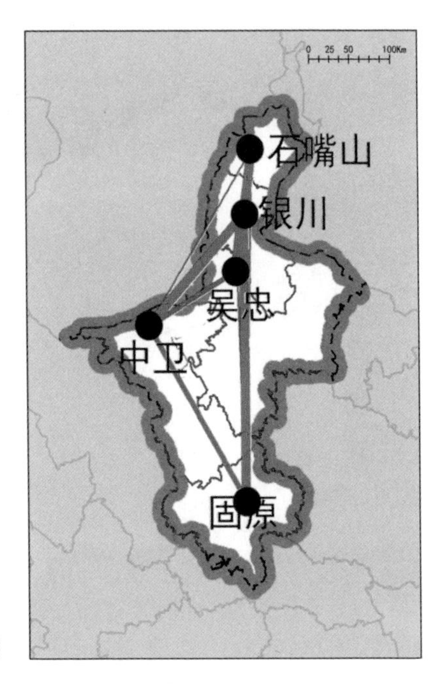

图3-4-13　宁夏区内城市联系强度示意图

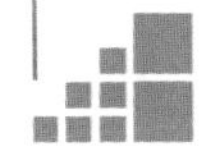

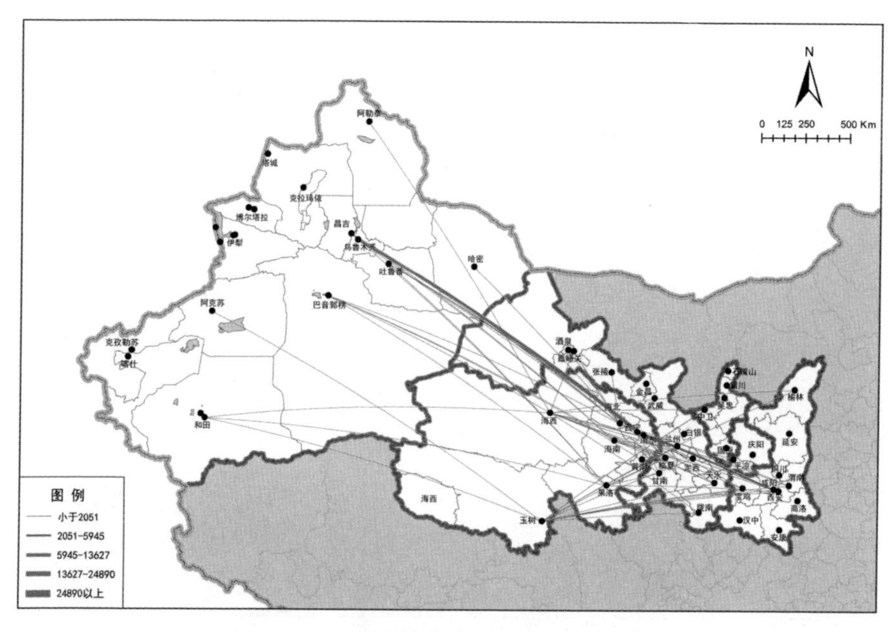

图3-4-14　青海与省外城市联系强度示意图

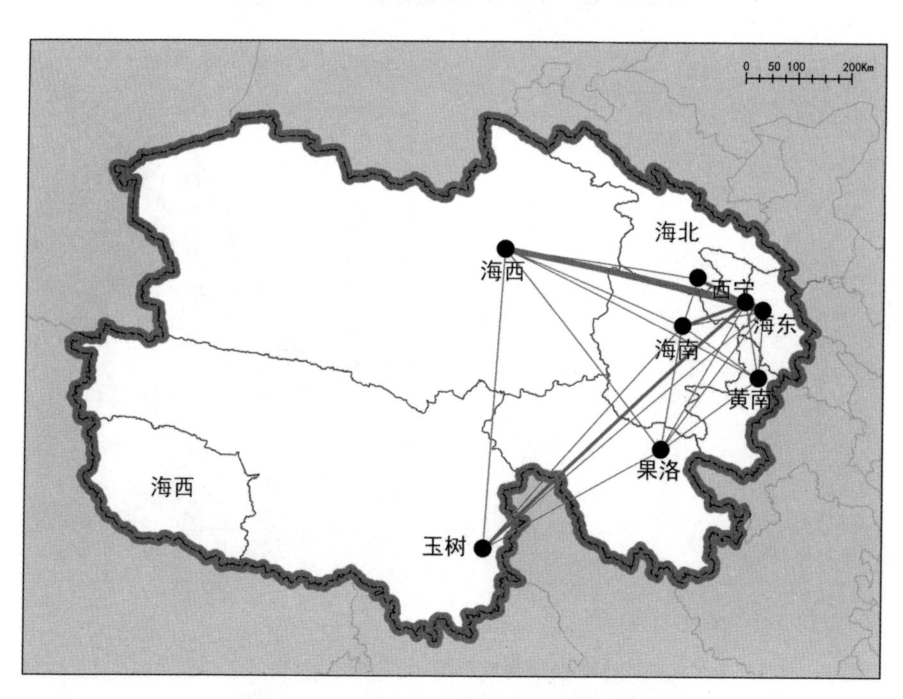

图3-4-15　青海省内城市联系强度示意图

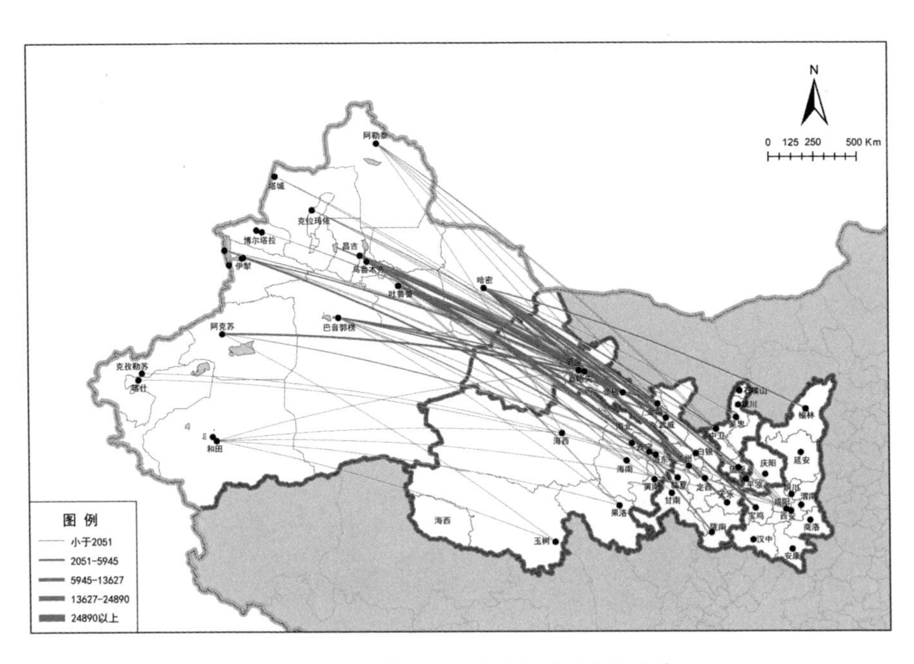

图3-4-16 新疆与省外城市联系强度示意图

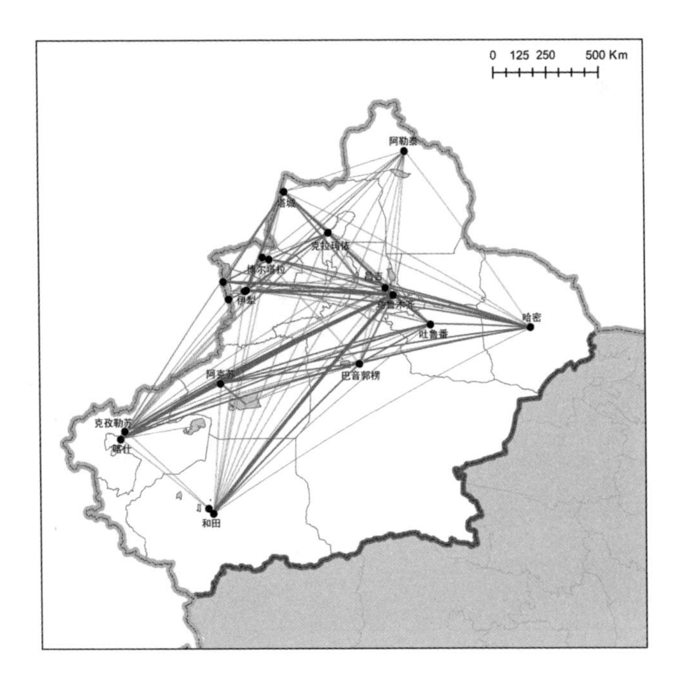

图3-4-17 新疆区内城市联系强度示意图

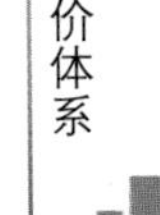

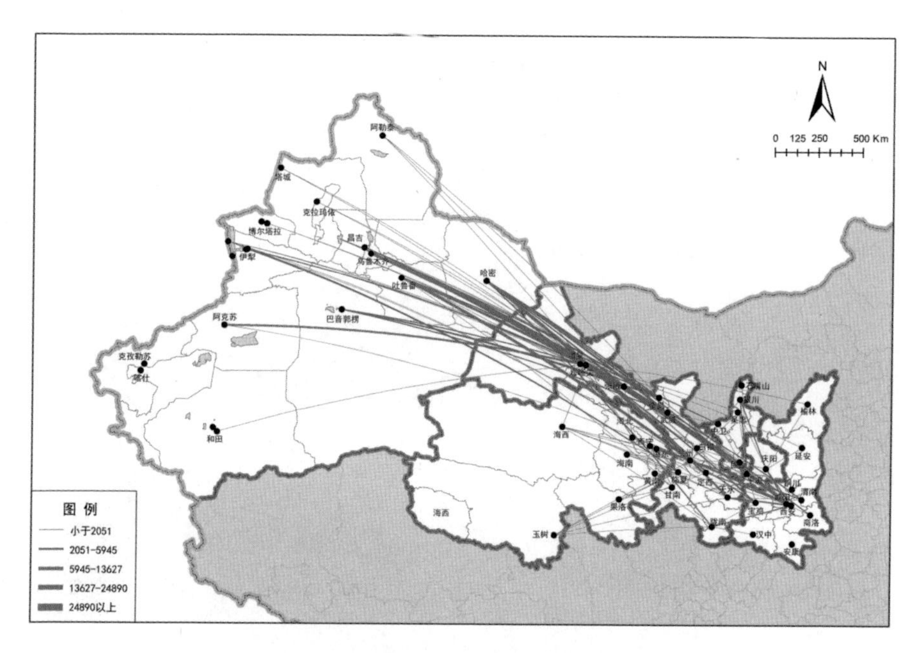

图3-4-18　甘肃与省外城市联系强度示意图

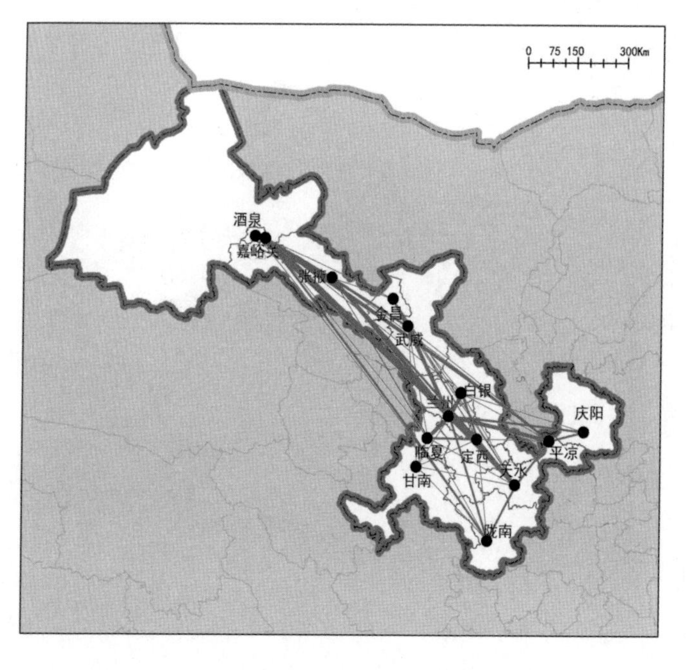

图3-4-19　甘肃省内城市联系强度示意图

二、一般监测指标

1.创新维度

（1）指标体系

创新评价体系分为创新投入、创新环境和创新产出三个方面。其中创新投入维度包括：财政科技经费支出占比、R&D经费支出占全省生产总值比重和每万人R&D人员数量三个指标；创新环境维度包括：万人高校在校学生数、百万人拥有普通高等院校数量、国家级科研机构数量、双一流大学数量和每万人科技服务人才数量五项指标；创新产出维度包括：每万人申请专利数、每万人学术论文数量两个指标（见表3-4-3）。

表3-4-3　创新评价体系及指标选取

一级指标	二级指标	空间统计单元	时间	数据来源
创新投入	财政科技经费支出占比	地级市	2019	《中国城市统计年鉴》
	R&D经费支出占全省生产总值比重	地级市	2019	《中国城市统计年鉴》
	每万人R&D人员数量	地级市	2019	《中国城市统计年鉴》
创新环境	万人高校在校学生数	地级市	2019	《中国城市统计年鉴》
	百万人拥有普通高等院校数量	地级市	2019	《中国城市统计年鉴》
	国家级科研机构数量	地级市	2019	科学技术部火炬高技术产业开发中心官方网站
	双一流大学数量	地级市	2019	教育部官方网站
	每万人科技服务人才数量	地级市	2019	《中国城市统计年鉴》
创新产出	每万人申请专利数	地级市	2019	《中国城市统计年鉴》
	每万人学术论文数量	地级市	2019	Web of Science

（2）创新投入

经分析，创新投入方面，西安市、银川市两市财政科技经费支出占比

超过了2.5%；宝鸡市、石嘴山市两市财政科技经费支出占比超过2%；兰州市、乌鲁木齐市、中卫市、吴忠市、克拉玛依市财政科技经费支出占比在1%以上。整体来看，宁夏各市财政科技经费支出占比普遍较高，其次是陕西（如图3-4-20所示）。从R&D经费支出占全省生产总值的比重来看，西安市为4.57%，远远高于西北五省区其他地区（如图3-4-21所示）。从每万人R&D人员数量来看，排名靠前的是西安市、兰州市、克拉玛依市、石嘴山市、银川市、酒泉市、渭南市等城市（如图3-4-22所示）。

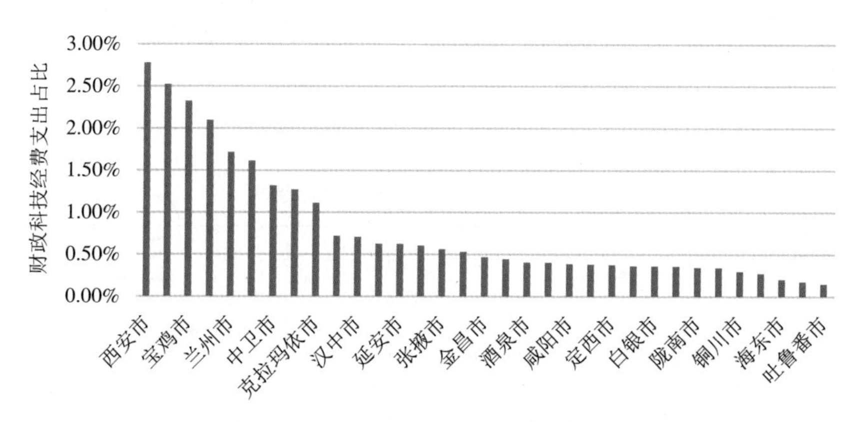

图3-4-20　西北地区各市财政科技经费支出占全省财政支出比重情况示意图

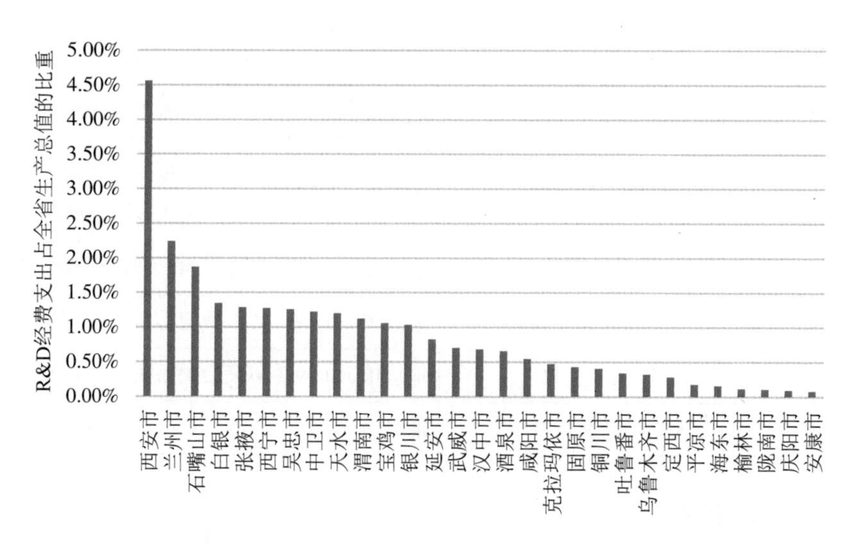

图3-4-21　西北地区各市R&D经费支出占全省生产总值比重情况示意图

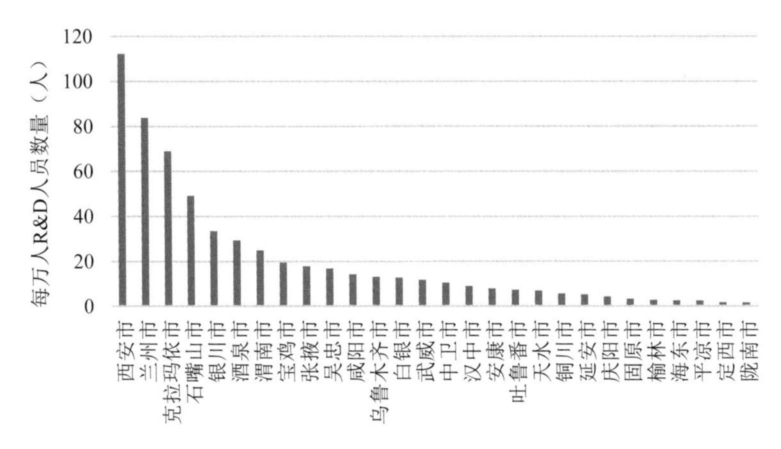

图3-4-22　西北地区各市每万人R&D人员数量情况示意图

（3）创新环境

创新环境方面，兰州市、乌鲁木齐市、西安市、银川市、克拉玛依市五个城市的万人高校在校学生数较多，均在400人以上，西宁市、咸阳市的万人高校在校学生数在200人以上，综合看，各省区省会城市的高校学生数远高于其他城市（如图3-4-23所示）；从百万人拥有普通高等院校数量方面来看，排名靠前的是乌鲁木齐市、克拉玛依市、银川市、兰州市、西安市、西宁市、嘉峪关市等城市，西安市国家科研机构近100家，远远高于西北五省区其他各市（如图3-4-24所示）；从每万人科技服务人才数量来看，

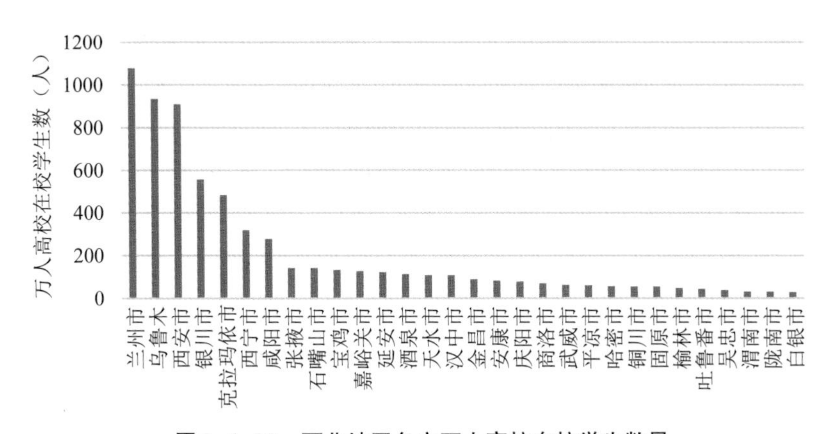

图3-4-23　西北地区各市万人高校在校学生数量

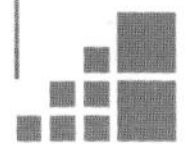

排名前五的城市依次是西安市、乌鲁木齐市、兰州市、克拉玛依市和西宁市（如图3-4-25所示）；高校教育水平方面，西北五省区除西安市拥有3所双一流大学、兰州市和乌鲁木齐市拥有1所双一流大学外，其余各市均无双一流大学，整体高等教育水平仍有待增强（如图3-4-26所示）。

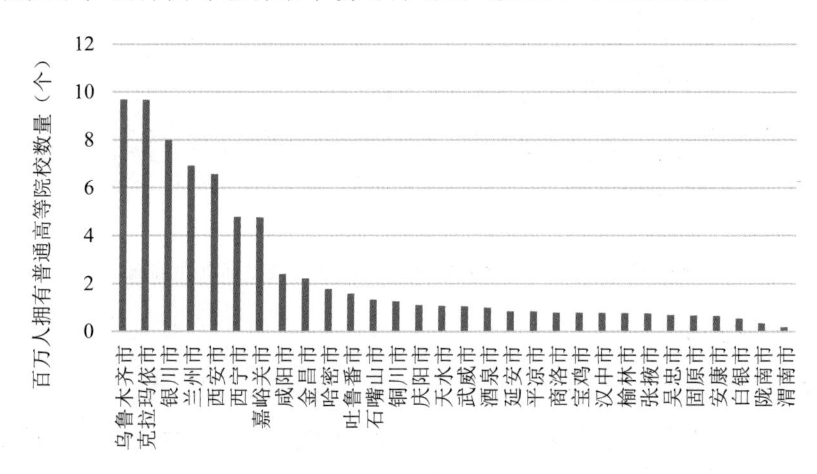

图3-4-24　西北地区各市百万人拥有普通高等院校数量

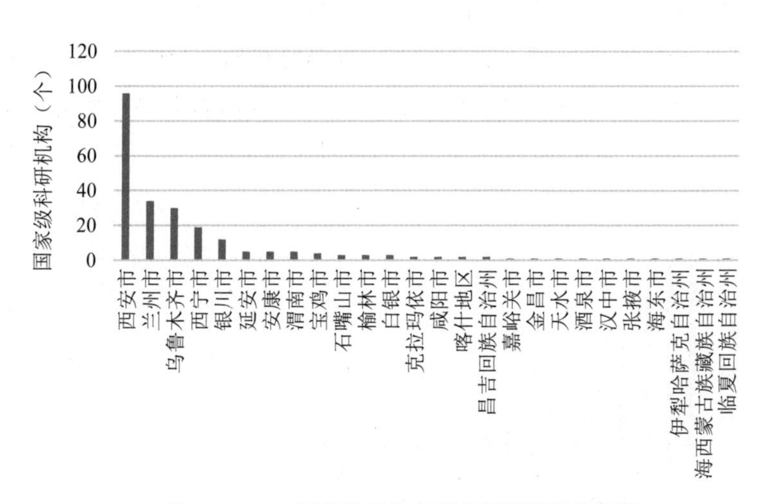

图3-4-25　西北地区各市国家级科研机构数量

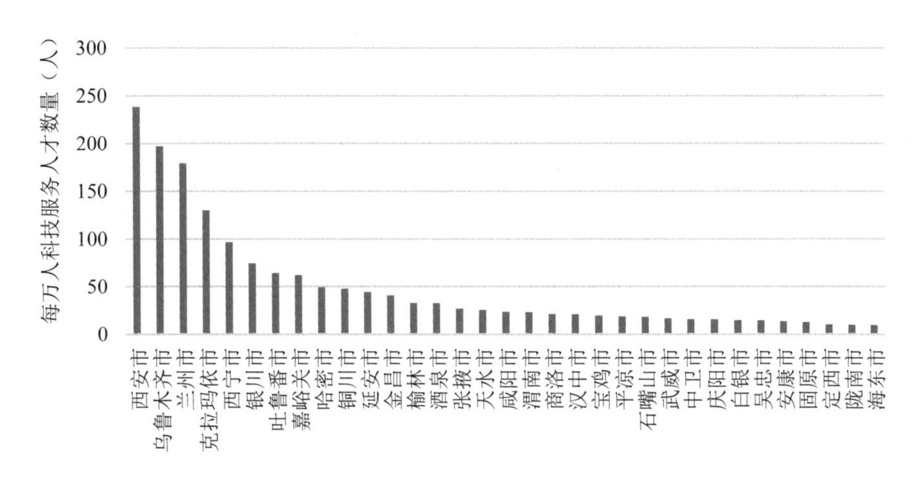

图3-4-26　西北地区各市每万人科技服务人才数量

（4）创新产出

创新产出方面，西安市每万人申请专利数量是第二名兰州市的近两倍（如图3-4-27所示）。根据Web of Science数据库搜索结果，西安市、兰州市每万人学术论文数量在300篇以上，远远高于西北五省区其他各市；排名第三到第五的西宁市、银川市和延安市每万人学术论文数量仅不到50篇；其他各市均不足10篇，科研创新水平较低（如图3-4-28所示）。

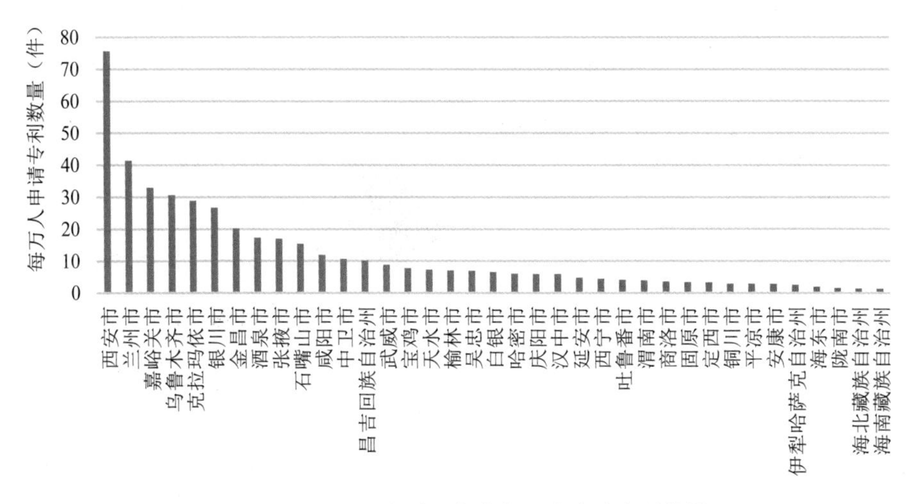

图3-4-27　西北地区各市每万人申请专利数量

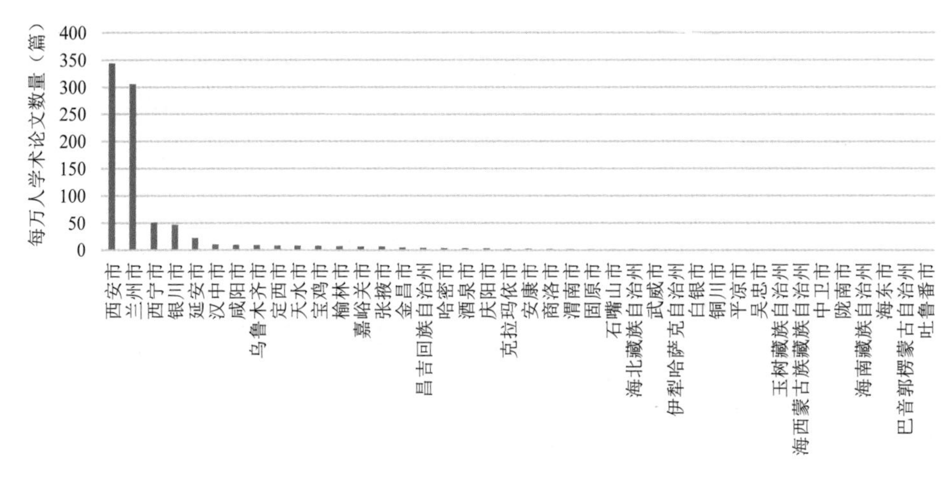

图3-4-28　西北地区各市每万人学术论文数量

（5）创新排名

综上，通过对创新数据进行标准化以及按照权重打分，得到2019年度西北五省区地级市创新情况及排名（如图3-4-29所示）。从数据可以看出，创新水平较高的城市主要集中在陕西、宁夏和甘肃；西宁、新疆的省会城市创新能力远远高于其他城市，非省会城市创新能力较弱，极化现象较为严重。

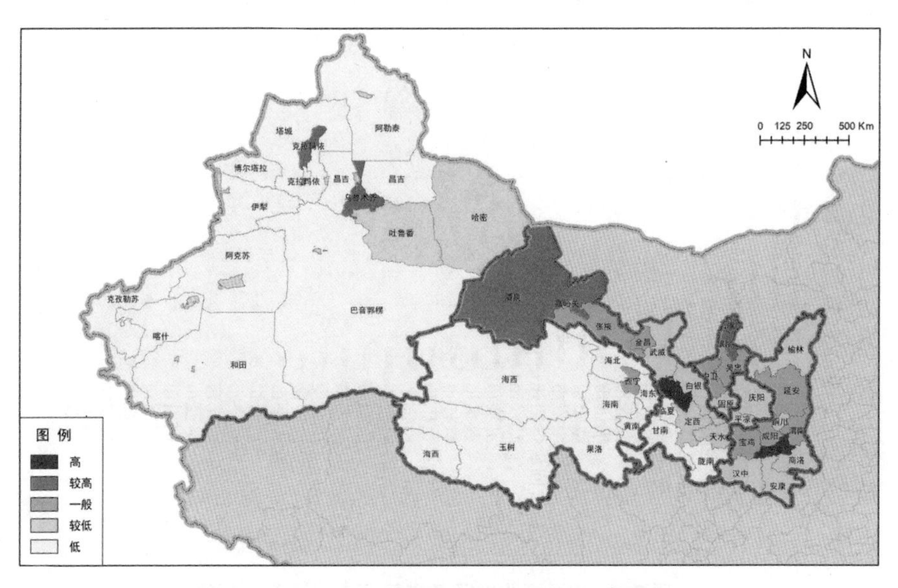

图3-4-29　西北五省各地级市创新评价示意图

从创新评分情况来看，位于排名前20%的城市较为均匀地分布在各个省区，其中陕西的西安市、宝鸡市分别位于第1位、第8位；甘肃的兰州市、酒泉市、嘉峪关市分别位于第2位、第6位和第9位；新疆和宁夏各有两个城市上榜；青海仅省会城市西宁位于第10位。整体来看，陕西、宁夏的创新程度较高，新疆和青海的创新程度较低（见表3-4-4）。

表3-4-4 2019年西北地区各城市创新评分表

排名	城市所属省区	城市名称	评分	排名区间
1	陕西	西安市	86.2	排名 前20%
2	甘肃	兰州市	59.6	
3	新疆	乌鲁木齐市	37.1	
4	宁夏	银川市	35.5	
5	新疆	克拉玛依市	34.9	
6	甘肃	酒泉市	24.6	
7	宁夏	石嘴山市	23.9	
8	陕西	宝鸡市	18.3	
9	甘肃	嘉峪关市	15.7	
10	青海	西宁市	14.3	
11	甘肃	张掖市	12.7	排名 20%～40%
12	宁夏	吴忠市	11.7	
13	陕西	咸阳市	11.7	
14	宁夏	中卫市	11.1	
15	甘肃	金昌市	9.9	
16	陕西	渭南市	9.3	
17	陕西	延安市	9.2	
18	陕西	汉中市	8.5	
19	甘肃	天水市	7.6	
20	甘肃	白银市	7.5	

续表3-4-4

排名	城市所属省区	城市名称	评分	排名区间
21	甘肃	武威市	7.3	排名 40%～60%
22	陕西	榆林市	6.3	
23	甘肃	庆阳市	5.5	
24	陕西	安康市	5.4	
25	新疆	哈密市	5.1	
26	陕西	铜川市	5.1	
27	新疆	吐鲁番市	4.9	
28	宁夏	固原市	4.8	
29	陕西	商洛市	3.6	
30	甘肃	定西市	3.4	
31	甘肃	平凉市	3.3	排名 60%～80%
32	甘肃	陇南市	2.9	
33	新疆	昌吉回族自治州	2.7	
34	青海	海东市	2.2	
35	新疆	伊犁哈萨克自治州	0.7	
36	青海	海北藏族自治州	0.4	
37	青海	海南藏族自治州	0.3	
38	新疆	喀什地区	0.2	
39	青海	海西蒙古族藏族自治州	0.1	
40	甘肃	临夏回族自治州	0.1	
41	青海	玉树藏族自治州	0.0	排名 后20%
42	新疆	巴音郭楞蒙古族自治州	0.0	
43	甘肃	甘南藏族自治州	0.0	
44	青海	黄南藏族自治州	0.0	
45	青海	果洛藏族自治州	0.0	

续表3-4-4

排名	城市所属省区	城市名称	评分	排名区间
46	新疆	博尔塔拉蒙古族自治州	0.0	排名后20%
47	新疆	阿克苏地区	0.0	
48	新疆	克孜勒苏柯尔克孜自治州	0.0	
49	新疆	和田地区	0.0	
50	新疆	塔城地区	0.0	
51	新疆	阿勒泰地区	0.0	

2.开放维度

（1）指标体系

开放评价体系分为经济开放度、社会开放度、基础设施开放度和政策开放度四个维度。其中，经济开放度包括：进出口总额占地区生产总值的比重、外商直接投资合同项目数量、每万元地区生产总值实际使用外资金额三项指标；社会开放度包括：每万人接待入境人数、百度指数检索热度、迁徙规模指数以及外资餐饮零售连锁店铺密度四项指标；基础设施开放度包括：每万人公路客运量和每万人民用航空客运量两项指标；政策开放度包括：一类口岸个数和综合保税区个数两项指标（见表3-4-5）。

（2）经济开放度

经济开放度方面，西安市进出口总额占地区生产总值的比重达到35%，远远高于排在第二位的乌鲁木齐市（15%），白银市、石嘴山市、银川市、天水市的进出口总额占地区生产总值的比重均在5%—10%之间（如图3-4-30所示）；从外商直接投资的合同项目数来看，西安市也遥遥领先，2019年外商直接投资的合同项目数达到237个，位于第二位的银川市和咸阳市仅19个，西北五省区各市中仅18个市有外商直接投资（如图3-4-31所示）；当年实际使用外资金额情况与外商直接投资合同项目数量类似。总体而言，西安市经济开放度远远大于西北五省区的其他各市（如图3-4-32所示）。

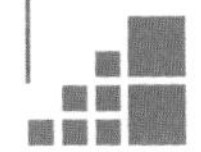

表3-4-5　开放评价体系及指标选取

一级指标	二级指标	空间统计单元	时间	数据来源
经济开放度	进出口总额占地区生产总值的比重	地级市	2019年	《中国城市统计年鉴》
	外商直接投资合同项目数量	地级市	2019年	《中国城市统计年鉴》
	每万元地区生产总值实际使用外资金额	地级市	2019年	《中国城市统计年鉴》
社会开放度	每万人接待入境人数	地级市	2019年	统计公报
	百度指数检索热度	地级市	2019年	百度指数检索热度
	迁徙规模指数	地级市	2019年	百度迁徙大数据
	外资餐饮零售连锁店铺密度	地级市	2019年	高德地图poi
基础设施开放度	每万人公路客运量	地级市	2019年	《中国城市统计年鉴》
	每万人民用航空客运量	地级市	2019年	《中国城市统计年鉴》
政策开放度	一类口岸个数	地级市	2019年	百度百科
	综合保税区个数	地级市	2019年	百度百科

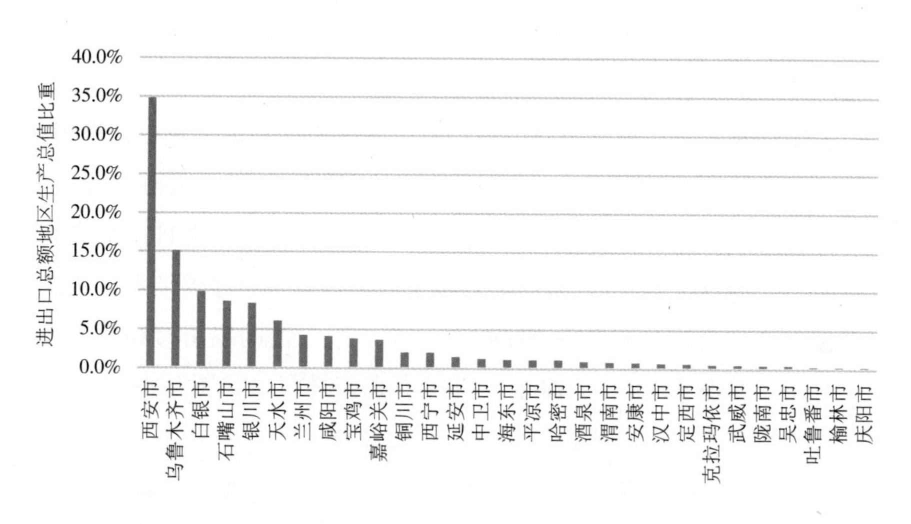

图3-4-30　西北地区各市进出口总额占地区生产总值的比重统计图

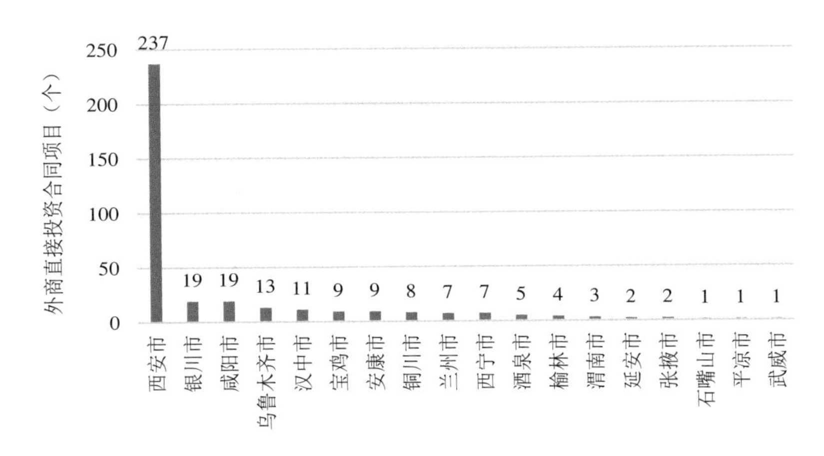

图3-4-31　西北地区各市外商直接投资合同项目统计图

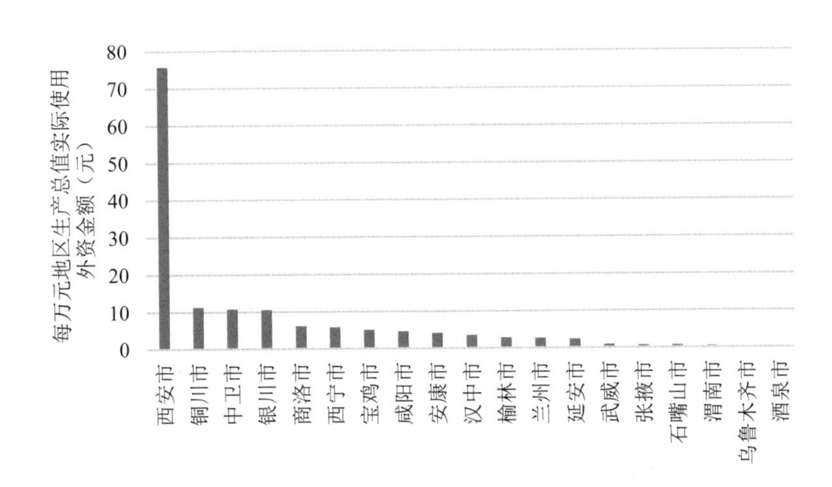

图3-4-32　西北地区各市每万元地区生产总值实际使用外资金额统计图

（3）社会开放度

社会开放度方面，西安市每万人接待入境人数近4500人，是位于第二名的乌鲁木齐市的近4倍（如图3-4-33所示）；从百度指数检索热度和迁徙规模指数分析，同样是西安市远高于其他各市（如图3-4-34、图3-4-35所示）；用外资餐饮零售连锁店铺在建成区的密度来代表城市的开放度，可以发现，陕西部分城市的社会开放度大于其他省区的城市，其次是甘肃的部分城市（如图3-4-36所示）。

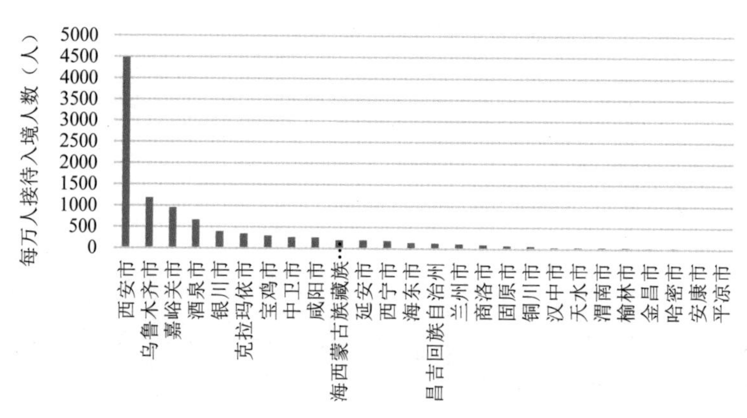

图3-4-33　西北地区各市每万人接待入境人数

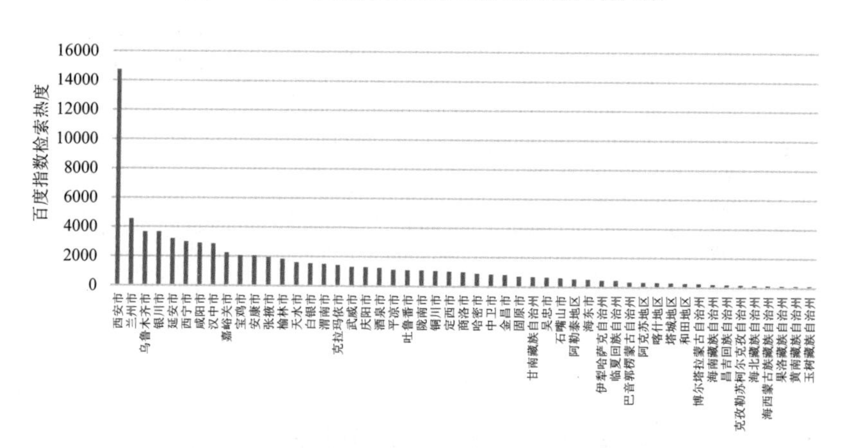

图3-4-34　西北地区各市百度指数检索热度

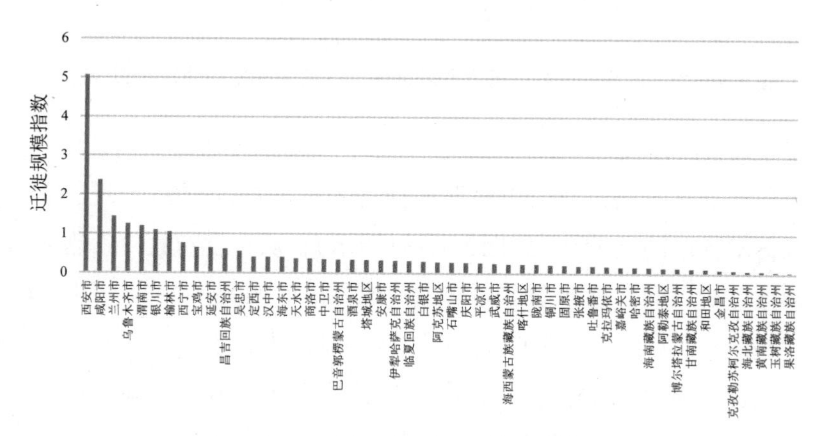

图3-4-35　西北地区各市迁徙规模指数

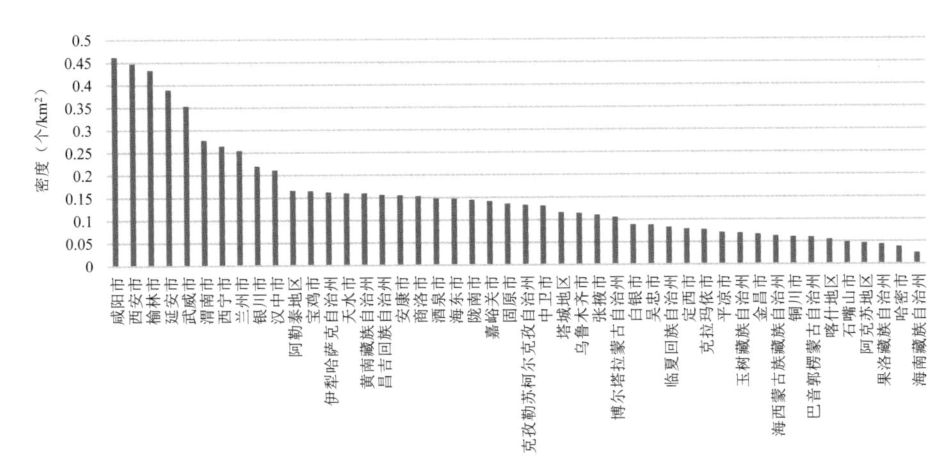

图3-4-36　西北地区各市外资餐饮零售连锁店铺密度

（4）基础设施开放度

基础设施开放度方面，嘉峪关市每万人公路客运量远大于其他城市，其次是酒泉市、宝鸡市（如图3-4-37所示）；从每万人民用航空客运量来看，乌鲁木齐市、银川市、西安市、兰州市、西宁市五个省会城市位于前列（如图3-4-38所示）。

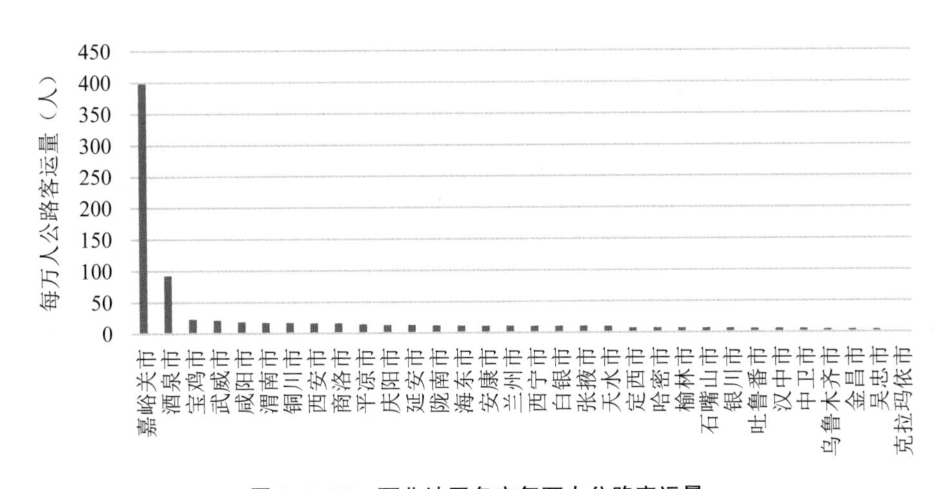

图3-4-37　西北地区各市每万人公路客运量

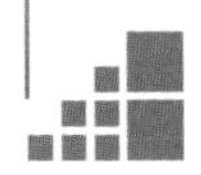

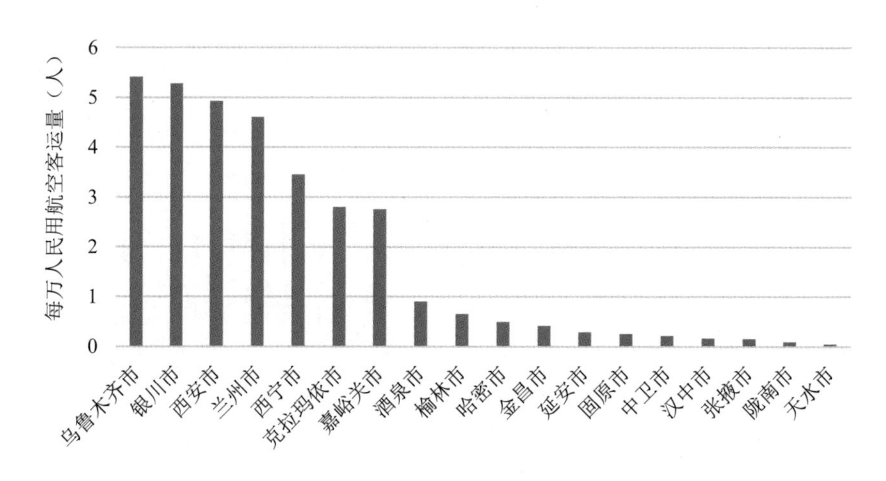

图3-4-38 西北地区各市每万人民用航空客运量

（5）政策开放度

政策开放度方面，伊犁哈萨克自治州和喀什地区有2个一类口岸，乌鲁木齐市、西安市、兰州市、酒泉市、哈密市、阿勒泰地区、博尔塔拉蒙古族自治州七个城市各有1个一类口岸，其余城市无一类口岸；综合保税区个数方面，经统计，截至2019年底，西安市共有5个综合保税区，银川市、西宁市、乌鲁木齐市、伊犁哈萨克自治州、喀什地区、阿勒泰地区各有1个综合保税区。

（6）开放排名

通过对开放数据进行标准化以及按照权重打分，得到2019年度西北五省区地级市开放程度综合排名（如图3-4-39所示）。从数据可以看出，陕西的开放水平高于其他省份；省会城市开放水平高于非省会城市；另外，随着“一带一路”倡议的深入推进和贯彻落实，“丝绸之路”沿线城市开放水平明显提升，显著高于其他城市。

从开放排名来看，位于前十的城市中，陕西占据4个席位，其中西安市牢牢锁定了第一位；甘肃有3个城市上榜，分别是第四位的兰州市、第五位的金昌市、第八位的嘉峪关市；新疆、宁夏、青海各有1个城市进入前十名；位于后十位的城市多集中在新疆和青海（见表3-4-6）。

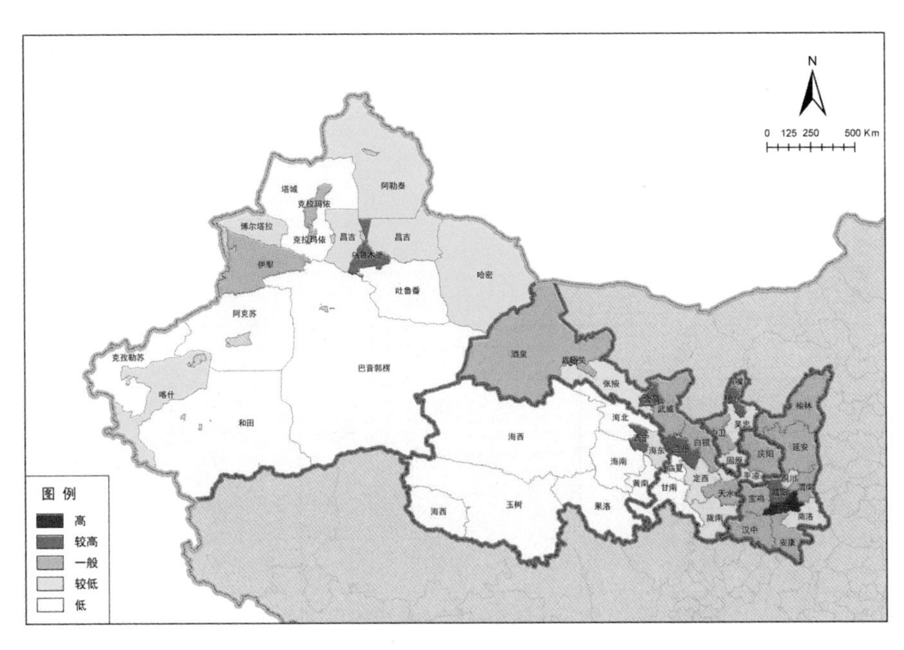

图3-4-39 2019年西北五省区各地级市开放评价示意图

表3-4-6 2019年西北地区各市开放评分表

排名	城市所属省区	城市名称	评分	排名区间
1	陕西	西安市	87.8	排名 前20%
2	新疆	乌鲁木齐市	27.7	
3	宁夏	银川市	25.3	
4	甘肃	兰州市	22.2	
5	甘肃	金昌市	21.6	
6	陕西	咸阳市	16.5	
7	青海	西宁市	15.9	
8	甘肃	嘉峪关市	15.0	
9	陕西	榆林市	10.9	
10	陕西	延安市	10.2	

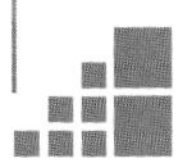

续表3-4-6

排名	城市所属省区	城市名称	评分	排名区间
11	甘肃	酒泉市	9.2	排名 20%～40%
12	陕西	宝鸡市	8.9	
13	宁夏	石嘴山市	8.8	
14	宁夏	中卫市	8.1	
15	新疆	克拉玛依市	7.9	
16	甘肃	白银市	7.7	
17	陕西	安康市	7.7	
18	甘肃	庆阳市	7.6	
19	陕西	渭南市	7.6	
20	新疆	伊犁哈萨克自治州	6.8	
21	陕西	汉中市	6.8	排名 40%～60%
22	甘肃	天水市	6.6	
23	甘肃	武威市	6.4	
24	陕西	铜川市	5.2	
25	新疆	喀什地区	5.1	
26	新疆	阿勒泰地区	5.0	
27	陕西	商洛市	4.9	
28	新疆	哈密市	4.2	
29	青海	海东市	3.8	
30	新疆	昌吉回族自治州	3.6	
31	新疆	博尔塔拉蒙古族自治州	3.3	排名 60%～80%
32	甘肃	陇南市	3.3	
33	甘肃	张掖市	3.2	
34	宁夏	固原市	3.1	

续表3-4-6

排名	城市所属省区	城市名称	评分	排名区间
35	宁夏	吴忠市	2.7	排名 60%～80%
36	甘肃	定西市	2.5	
37	甘肃	平凉市	2.5	
38	青海	黄南藏族自治州	2.3	
39	新疆	塔城地区	2.3	
40	新疆	克孜勒苏柯尔克孜自治州	2.0	
41	甘肃	临夏回族自治州	1.8	排名 后20%
42	青海	海西蒙古族藏族自治州	1.7	
43	新疆	巴音郭楞蒙古族自治州	1.5	
44	新疆	阿克苏地区	1.2	
45	青海	玉树藏族自治州	1.0	
46	新疆	吐鲁番市	0.9	
47	青海	海南藏族自治州	0.6	
48	青海	果洛藏族自治州	0.6	
49	甘肃	甘南藏族自治州	0.4	
50	新疆	和田地区	0.2	
51	青海	海北藏族自治州	0.1	

第五节　历史文化维度分析

历史文化维度包括：演出展览等文化活动数量、人均拥有公共图书馆藏量、城市文化设施数量和文化市场经营机构营业利润四项重点监测指标

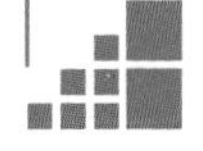

（见表3-5-1）。综合来看，2018—2019年西北各省区演出展览等文化活动数量、人均拥有公共图书馆藏量和城市文化设施数量有所增加，文化市场经营机构营业利润下降明显。

表3-5-1　历史文化维度重点监测指标一览表

指标名称	单位	时间	数据来源
演出展览等文化活动数量	次	2017—2019年	《中国文化文物和旅游统计年鉴》
人均拥有公共图书馆藏量	册/件	2017—2019年	《中国文化文物和旅游统计年鉴》
城市文化设施数量	个	2017—2019年	《中国文化文物和旅游统计年鉴》
文化市场经营机构营业利润	千元	2015—2019年	《中国文化文物和旅游统计年鉴》

1.演出展览等文化活动数量

整体来看，西北地区在2019年演出展览等文化活动数量为49场，与2017年、2018年相比有所增加；从各省区的情况来看，甘肃的文化活动数量最多，其次为青海、陕西、新疆、宁夏（如图3-5-1所示）。这反映出甘肃省历史文化资源十分丰富，在对外宣传、活化利用等方面也走在西北地区前列。

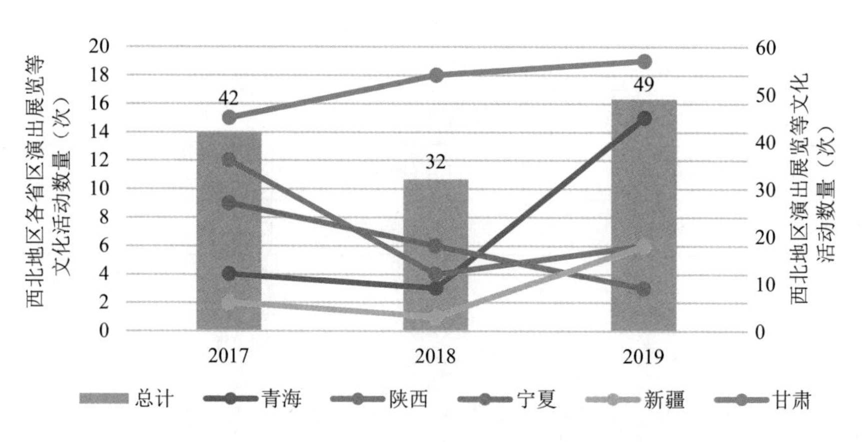

图3-5-1　2017—2019年西北地区各省区演出展览等文化活动数量统计图

2.人均拥有公共图书馆藏量

西北地区人均拥有公共图书馆藏量由2017年的3.46上升至2019年的

3.66，各省区均稳步提升，陕西由于人口基数较大，人均拥有量较低，但增速最快；新疆人均拥有公共图书馆藏量较少，增速较慢，未来需进一步加强图书馆等文化设施建设（如图3-5-2所示）。

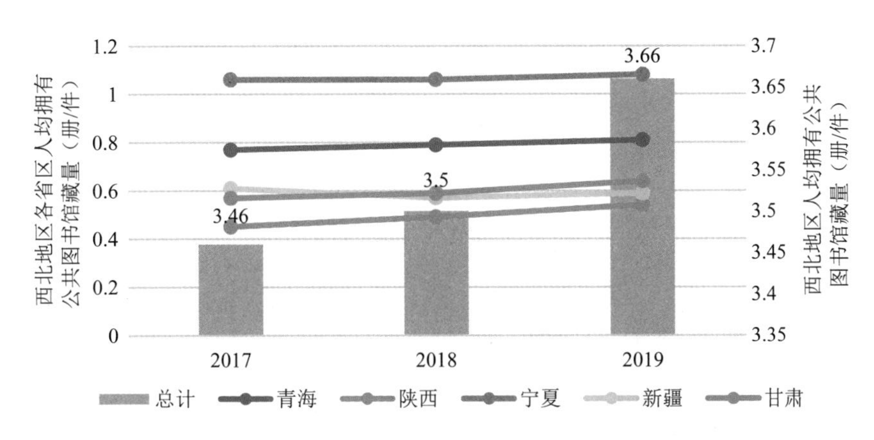

图3-5-2　2017—2019年西北地区各省区人均拥有公共图书馆藏量统计图

3.城市文化设施数量

整体来看，西部地区的城市文化设施数量不断增加，反映出西部地区文化服务的供给能力在逐年增强；从各省区的情况来看，陕西、甘肃、新疆的城市文化设施数量在西部地区占比较多，2019年的数量分别为1498、1491、1297处，而青海、宁夏较少（如图3-5-3所示）。

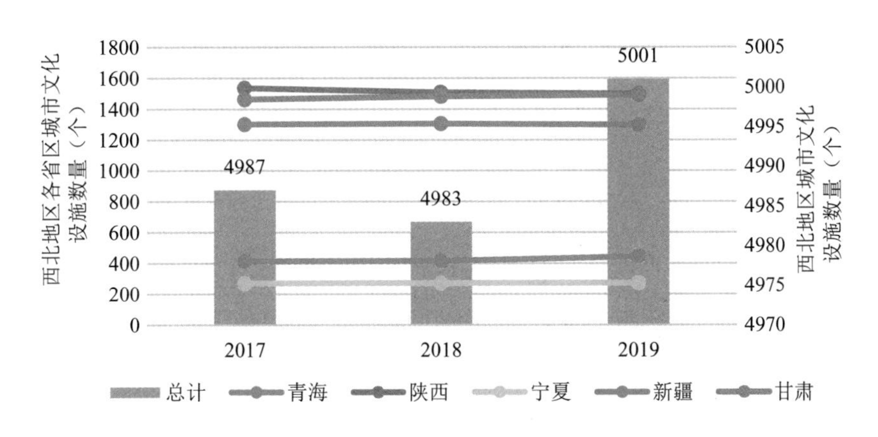

图3-5-3　2017—2019年西北地区各省区城市文化设施数量统计图

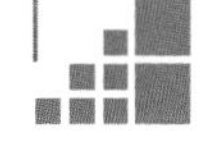

4. 文化市场经营机构营业利润

整体来看，随着西北地区文化市场的发展，2015—2018年，其文化市场经营机构营业利润逐年增长，但2018—2019年期间，却有显著降低；从各省区的情况来看，2019年，文化市场经营机构营业利润新疆居于首位，青海其次（如图3-5-4所示）。

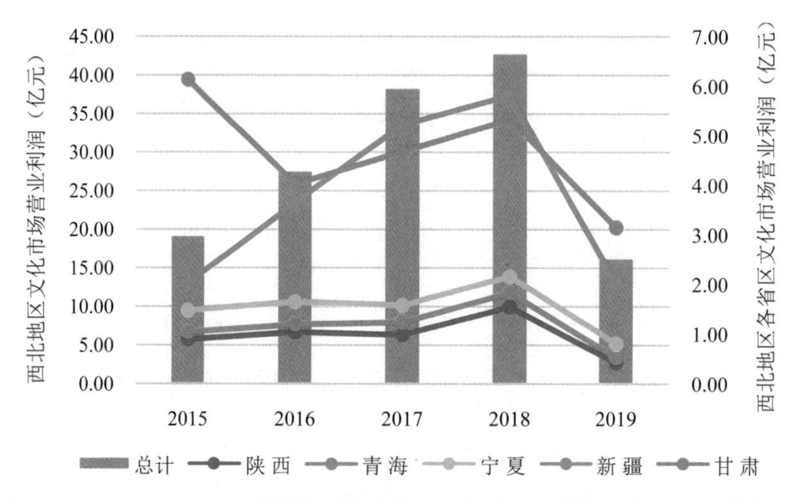

图3-5-4　2017—2019年西北地区各省区文化市场经营机构营业利润统计图

第六节　西北地区高质量发展评价总结

总体来看，西北地区2018—2019年期间的发展是乐观的，变好的指标有9项，其中明显变好的指标有2项：边境城市生产总值总量、对外文化交流次数。这说明西北地区在边境城市建设等方面取得了一定成效，同时对外开放程度也有所提升。基本稳定的指标有4项：造林面积、人均拥有公共图书馆藏量、城市文化设施数量、基层医疗卫生机构数量。变差的指标有3项，其中明显下降的指标有平均AQI指数、对外交通联系强度、文化市场经营机构营业利润。未来西北地区应当改进的方面主要是进一步增强与外界的交通联系，提升空气质量，同时积极引导文化市场有序经营（见表3-6-1）。

表3-6-1　重点监测指标数据一览表

维度	指标名称	2018年	2019年
社会民生	边境城市生产总值总量	8483亿	9502亿
	城镇登记失业人口数	53.6万人	51.2万人
	基层医疗卫生机构数量	5.6万个	5.5万个
	一般公共预算教育经费	2600万元	2800万元
生态安全	造林面积	1290 km^2	1244 km^2
	平均AQI指数	61	79
	清洁能源发电量占比	29%	31%
	突发环境事件数量	51件	41件
创新开放	R&D经费支出占比	1.47%	1.52%
	科研机构数量	343个	350个
	对外文化交流次数	34次	62次
	对外交通联系强度	7979	4945
历史文化	演出展览等文化活动数量	32次	49次
	人均拥有公共图书馆藏量	336册/件	337册/件
	城市文化设施数量	4983个	5001个
	文化市场经营机构营业利润	42亿元	13亿元

本章的分析以2018—2019年的数据样本为主，经研究发现：①2019年西北地区新疆边境城市，经济发展向好，民生事业稳定；②内陆城市生态安全水平相对较高，但边境城市有待提升；③各省区创新水平普遍提升，但极化于西安市，新疆、青海应加快步伐；④丝绸之路沿线城市开放水平普遍较高，文化设施建设情况基本稳定，但文化市场经营状况不佳。

基于以上研究发现，建议西北地区边境城市应加强生态建设，提升城市绿化水平，改善空气质量，加强生物多样性保护，同时保持经济稳定增长，有序推进民生建设。西北地区内陆城市应当注重提升创新水平，加强政府对创新活动的战略引领，激励企业加大创新投资力度，不断优化创新环境；积极引导文化市场发展，一方面保证文化馆、博物馆等文化设施数量，另一方面打造现代文化产业体系和市场体系，创新生产经营机制，释放文化产业潜能。

因受数据完整性的限制，本章所采用的数据指标截至2019年度，后续研究可将数据更新至2020年。此外本次分析在指标选取、数据分析方法等方面可能存在诸多不足，未来将不断优化调整，从而准确把握西北地区高质量发展情况。

第四章 落实与探索：高质量发展经验总结

第一节　社会民生

脱贫攻坚是最大的民生。改革开放以来，我国大力推进扶贫开发，扶贫事业取得了巨大成就，但在四十多年的发展中，也产生了较大的区域差异。西北的贫困地区有着地理条件较差、基础设施落后、留守人口弱势、社会分化加剧、民族文化多元等特点。涉及西北地区的连片特困地区有六盘山区（陕西、甘肃、青海、宁夏），秦巴山区（陕西、甘肃），四省藏区（甘肃西南部、青海南部），新疆南疆三地州等。除连片特困地区的脱贫工作之外，同时还要做好该地区以外重点县、重点村的脱贫工作，形成从面到点的扶贫工作。西北地区扶贫案例分布图如图4-1-1所示。

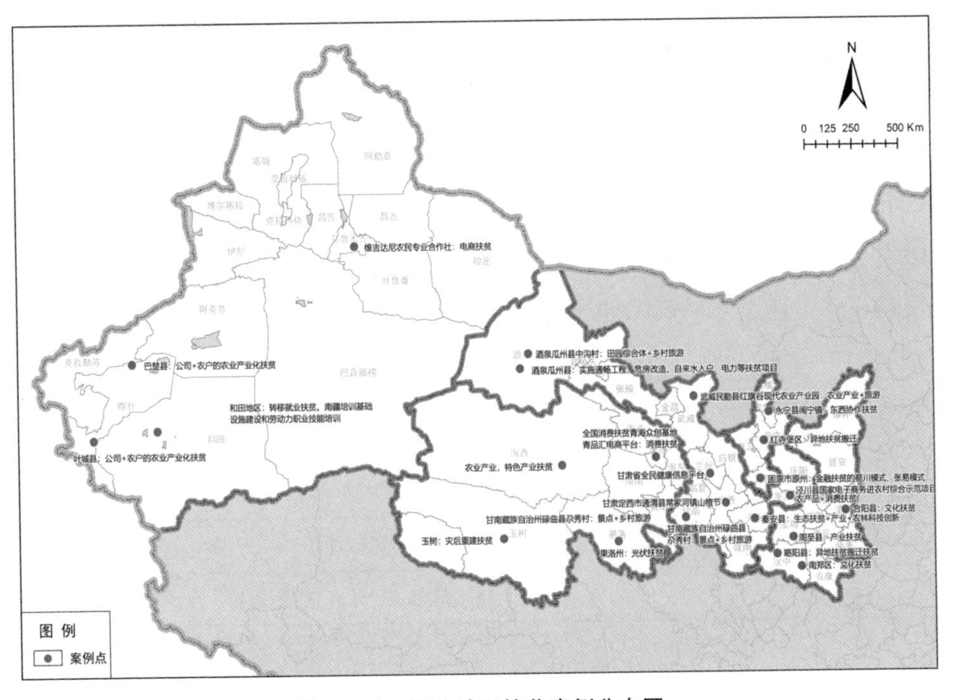

图4-1-1　西北地区扶贫案例分布图

一、宁夏回族自治区

宁夏扶贫工作的概况与成就

从1982年至今，宁夏累计减贫350万人，其中，党的十八大以来累计减贫80.3万人，9个贫困区县，实现了从绝对贫困到消除贫困的根本性转变。截至2020年，全自治区脱贫地区农民人均可支配收入达11 624元，先后实施了6次大规模的移民搬迁，开展东西部协作扶贫、产业扶贫、金融扶贫、旅游扶贫等工作。宁夏贫困县名单见表4-1-1，宁夏的扶贫案例总结如表4-1-2所示。

二、甘肃省

甘肃扶贫工作的概况与成就

甘肃是全国脱贫攻坚任务最艰巨的省份之一。全省86个县（市、区），58个被纳入国家集中连片特困地区，17个是省定插花型贫困县。国家“三区三州”深度贫困地区，就有甘肃的临夏回族自治州、甘南藏族自治州和天祝藏族自治县。经过不懈的努力，2020年，全省58个被纳入国家集中连片特困地区的县和17个省定插花型贫困县摘帽，全省所有建档立卡贫困人口和贫困村全部退出。结合甘肃省特殊的地理区位条件和历史文化特征，探索出了“乡村旅游+扶贫”、生态扶贫、“农产品+消费扶贫”等特色扶贫模式。甘肃扶贫案例总结如表4-1-3所示。

表4-1-1　宁夏贫困县名单

所属城市	县(区)
固原市	原州区、西吉县、隆德县、彭阳县、泾源县(5个)
中卫市	海原县(1个)
吴忠市	同心县、盐池县、红寺堡区(3个)

表4-1-2　宁夏扶贫案例总结表

省区	模式/类型	案例	案例做法
宁夏回族自治区	易地扶贫搬迁	吴忠市红寺堡区	(1)实施移民搬迁。从贫瘠的西海固地区陆续搬迁了23万人到红寺堡,是目前我国最大的异地生态移民安置区,解决了住房、基础设施、产业发展等问题。 (2)实施完成宁夏扶贫扬黄灌溉工程,2020年实施了固海扩灌扬水更新改造工程。 (3)推进特色产业发展。发展枸杞、酿酒葡萄、黄花菜等特色产业,红寺堡被誉为"中国葡萄酒第一镇",太阳山镇成为"中国黄花菜明星产区"。 (4)完善住房、基础设施、公共服务。推进人居环境提升,实施危窑危房改造、棚户区改造;大力发展教育、培训;全力保障医疗保险等服务。 (5)推进生态修复。对移民旧址进行生态修复,例如红寺堡区新庄集乡移民旧址已逐渐被绿色覆盖。
	东西部协作扶贫	银川市永宁县闽宁镇	(1)长效机制。闽宁两省区每年轮流举办一次扶贫协作联席会议,由双方党委和政府主要领导出席,共同商定当年的帮扶方向、帮扶项目和落实情况,以确保闽宁协作平稳推进。 (2)产业扶贫。重点培育了特色种植、特色养殖、光伏产业、旅游产业、劳务产业等支柱产业。建成多个闽宁产业城、闽宁产业园以及闽宁扶贫车间。 (3)2021年,闽宁两省区签订了《"十四五"东西部协作框架协议》,规划打造一批"飞地经济"示范区。支持红寺堡区创建全国易地搬迁移民致富提升示范区;做大做强闽宁产业园、创建闽宁协作"工业互联网+"示范工程;助力闽宁镇创建东西部协作示范镇、移民致富提升示范镇、乡村振兴示范镇。 (4)农产品扶贫。宁夏在广州市东西部扶贫协作产品交易市场建成宁夏扶贫名优产品展示馆。
	金融扶贫	①固原市原州区蔡川村、张易镇 ②吴忠市盐池县	打造全国首个以省为单位的金融扶贫示范区。探索推广了"盐池模式""蔡川模式""张易模式",形成了以"信用+产业+金融"为核心的金融扶贫做法。 张易模式:① 黄河银行向固原市政府捐赠1000万元扶贫资金,建立"产业扶贫担保金";② 固原农商银行以金融促进产业,探索创新了"农商银行+企业+贫困户"的模式,发展马铃薯产业。

表4-1-3　甘肃扶贫案例总结表

省份	模式/类型	案例	案例做法
甘肃省	乡村旅游+扶贫	①陇南田河村"古树山庄"农家乐 ②尕秀村 ③酒泉瓜州县中沟村田园综合体 ④武威民勤县红旗谷现代农业产业园	甘肃是文化旅游大省，很多资源在全国乃至世界范围都具有唯一性、稀缺性和不可替代性。发展乡村旅游是实施乡村振兴战略、打赢脱贫攻坚战的重要途径和有效载体。 (1)景点+乡村旅游。例如尕秀村实施垃圾治理等农村环境提升项目，建成藏寨民族度假村、帐篷城、村博物馆、文化休闲广场、电子商务服务中心等。 (2)田园综合体+乡村旅游。例如特色餐饮、自助烧烤、花卉观赏、水上乐园、精品果蔬采摘等项目。 (3)农业产业+旅游。发展精品农业产业链、创新技术、项目带动就业，发展采摘、观光等体验项目。
	生态扶贫	秦安县	(1)政策保障。甘肃就扶贫工作出台《精准扶贫生态环境支持计划实施方案》《甘肃省深度贫困地区脱贫攻坚生态扶贫实施方案》和《甘肃省林业厅关于〈中共甘肃省委 甘肃省人民政府关于打赢脱贫攻坚战三年行动的实施意见〉的落实方案》等政策措施。 (2)生态扶贫项目。生态护林员项目、积极实施森林生态效益补偿补助项目、大力实施农牧民补助奖励政策项目。 (3)生态+产业。利用秦安县适宜种植水蜜桃、花椒等的有利条件，发展林果产业。 (4)创新农林科技成果。
	农产品+消费扶贫	①泾川县国家电子商务进农村综合示范项目 ②甘肃定西市通渭县常家河镇举办第一届山楂节	(1)特色品牌。创建了定西马铃薯、兰州百合、岷县当归、庆阳黄花菜、静宁苹果、靖远枸杞、民勤蜜瓜、武都花椒、甘谷辣椒、临泽小枣、敦煌葡萄等特色品牌。 (2)开展宣传推介活动。组建了全国第一个省级农业产业扶贫产销协会，2020年6月在兰州举行的"甘味"农产品品牌发布会。 (3)电商模式。泾川县建成县级电子商务公共服务中心、电商物流配送中心、农产品标准化生产加工中心、运营管理中心和14个乡镇的141个行政村电子商务服务点，安装了电子商务数据库可视化溯源系统，开办了"泾州特产"淘宝店铺。

续表4-1-3

省份	模式/类型	案例	案例做法
	基础设施扶贫	①瓜州县强化基础设施建设促进脱贫攻坚 ②甘肃省全民健康信息平台	(1)推进基础设施提升项目。实施通畅工程、危房改造、易地扶贫搬迁、自来水入户、光伏入户、电力等项目。 (2)借助新技术精准扶贫。广泛应用现代通信技术、大数据、云计算等新技术,建成全民健康信息平台。

三、青海省

青海扶贫工作的概况与成就

青海省贫困人口点多面广、贫困程度深，共有贫困县（市、区、行委）42个，其中国家扶贫开发重点县15个。脱贫攻坚战打响以来，青海省按照“四年集中攻坚，一年巩固提升”的总体部署，紧紧围绕“两不愁三保障”目标标准，以青海省“1+8+10”政策体系为指引，坚决有力推进精准扶贫、精准脱贫，减贫成效逐年显现。2020年，全省42个贫困县（市、区、行委）、1622个贫困村、53.9万贫困人口全部脱贫。青海扶贫案例总结如表4-1-4所示。

四、陕西省

陕西扶贫工作的概况与成就

党的十八大以来，陕西组织实施的脱贫攻坚战取得了全面胜利，全省56个贫困县全部摘帽，465万建档立卡贫困人口全部脱贫。陕西扶贫案例总结如表4-1-5所示。

表4-1-4 青海扶贫案例总结表

省份	模式/类型	案例	案例做法
青海省	产业扶贫	① 农业产业 ② 光伏产业	(1)农业产业扶贫。抓特色产业,如打造牦牛产业示范园,围绕青稞产业建立“企业+合作社+基地+贫困户”的机制,通过农业产业带动就业。 (2)光伏产业扶贫。例如果洛州,在保护生态环境的基础上,充分发挥自然资源优势,通过政府投资、企业融资相结合的方式,在贫困村建设光伏扶贫试点,为贫困人口提供创业机会、就业岗位和稳定的扶贫资金收入。
	消费扶贫	①全国消费扶贫青海众创基地 ②“青品汇”电商平台	全国消费扶贫青海众创基地和“青品汇”电商平台,以“政府搭台、企业唱戏、市场化运营”的模式建设运行,打造集产销对接、视觉设计服务、培训服务和新媒体传播服务于一体的综合服务平台。
	灾后重建扶贫	① 玉树 ② 玛多	(1)规划统筹。通过统筹规划灾后重建地区的功能布局、设施配置、建筑设计等,指引灾后重建项目实施。例如玉树灾区灾后重建总体规划。 (2)对口援建。例如北京对口支援成为玉树灾后重建的重要支撑。

表4-1-5 陕西扶贫案例总结表

省份	模式/类型	案例	案例做法
陕西省	文化扶贫	① 南郑区 ② 合阳县	充分挖掘历史文化资源,加快推进基层公共文化服务体系建设,将公共文化发展、文化艺术创作、文化产业振兴、文化人才培养和非遗传承等内容与脱贫攻坚重大任务有机结合。 ①例如南郑区,通过鼓励村干部或生产经营能人以专业合作社的形式,建成藤编、棕编等五大生产性传习基地,将手工艺项目转化为乡村特色产业。 ②例如合阳县,形成了涵盖旅游文化产品开发经营、手工刺绣、面花制作、纸塑窗花制作、书画经营、电影放映、艺术工艺品开发的文化旅游产业体系。

续表4-1-5

省份	模式/类型	案例	案例做法
	易地扶贫搬迁	① 略阳县 ② 平利县	(1)政策保障。陕西省出台了《陕西省"十三五"易地扶贫搬迁规划》等一系列政策性文件,组建了陕西易地扶贫搬迁研究基地,开展政策创新研究。 (2)结合减灾安居。通过搬迁,提升基础设施建设与公共服务质量,补齐交通、医疗、教育等方面的短板。 (3)保护生态优势,以生态保护和治理促进区域经济可持续发展。
	产业扶贫	周至县	龙头企业带动、合作社带动、贫困户自主发展、能人创业、返乡人士帮带、社区工厂带动、国企项目扶持、民企带动、社会组织帮扶、"三变改革"带动等产业扶贫发展模式。 例如周至县依托特色农业产业,深化优势产业带动、经营主体帮扶、财政资金支持、技术培训服务、惠农保险护航、电商帮扶等扶贫发展模式。

五、新疆维吾尔自治区

新疆扶贫工作的概况与成就

经过不懈努力，紧盯"三区三州"，新疆306.49万农村贫困人口全部脱贫，3666个贫困村全部退出，35个贫困县全部摘帽，区域性贫困问题得到根本性解决。新疆扶贫案例总结如表4-1-6所示。

表4-1-6　新疆扶贫案例总结表

省份	模式/类型	案例	案例做法
新疆维吾尔自治区	“公司+农户”的农业产业化扶贫	①叶城县 巴楚红海湾 ②青河县	(1)发展农林特色产业、纺织等劳动密集型产业，形成“公司+合作社(卫星工厂)+农户”的经营模式，带动就业。如上海援疆前指挥部在泽普、巴楚、叶城、莎车四县引进促成了62个“卫星工厂”并投入运营，吸纳就业人员4018人，其中贫困户2356人。 (2)发展旅游业。旅游业带动饮食消费、特色产品出售、住宿等，解决贫困户的就业。 (3)政策保障。例如最低保护价收购政策。
	转移就业扶贫	①南疆培训基础设施建设 ②劳动力职业技能培训	(1)不断完善就业政策、规划、制度保障。制定实施更具针对性、差别化的政策，形成具有新疆特色的政策体系；制定《喀什、和田地区城乡富余劳动力有组织转移就业三年规划(2017—2019年)》；在其他省区成立自治区驻各省(区、市)务工经商人员服务管理工作组。 (2)加大职业技术培训。例如在南疆四地州建设职业培训平台，增强对劳动力技工培训的力度，提升教育水平。 (3)就地就近转移就业。以南疆四地州为重点区域，以就地就近为主要形式，多渠道、多形式推进农村富余劳动力就业，年均转移劳动力近1.5万人。
	电商扶贫	维吉达尼农民专业合作社	通过成立合作社，将全疆多地的农户组织起来，为他们提供销售服务培训。例如维吉达尼通过合作社组织农技培训。

第二节　生态安全

近年来，随着黄河与国家公园等国家战略的实施，西北地区生态安全高质量发展综合集成在黄河与国家公园两个方面。其中黄河生态安全建设涉及青海、甘肃、陕西、宁夏四个省区，不同省区针对自身不同的流域特点分段发力，总体形成了源头综合治理与上游综合整治两种类型。西北地区生态格局示意见图4-2-1。

黄河青海段流经玛多县、达日县、久治县等11个县区 。青海段的黄河治理主要聚焦于黄河源头的综合治理，包括退化草地整治、清除围堤、清理河道垃圾等一系列全方位的源头治理措施。

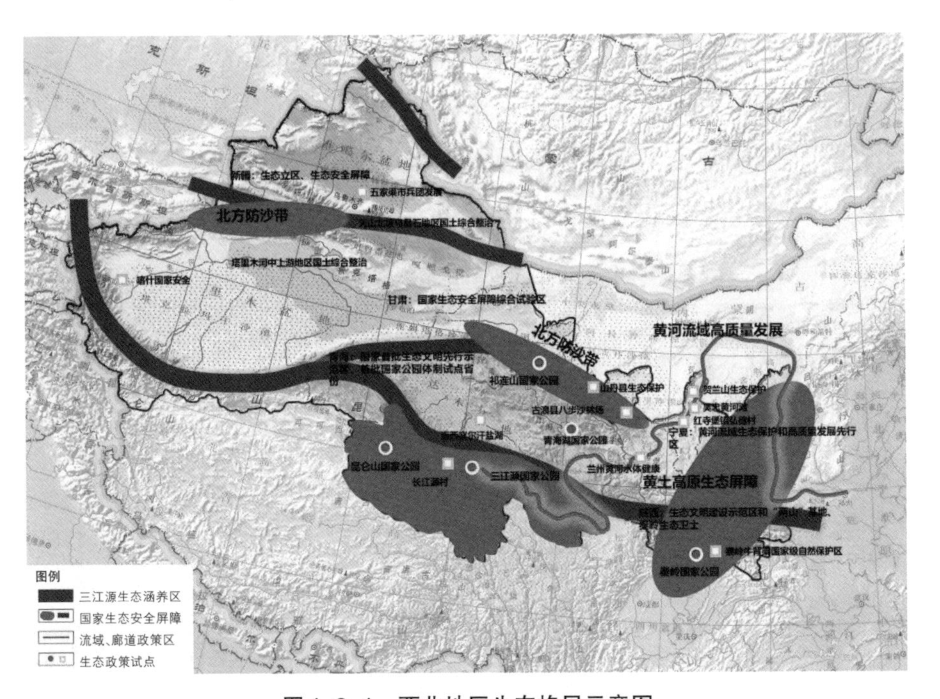

图4-2-1　西北地区生态格局示意图

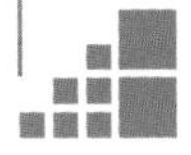

黄河甘肃段流经临夏、兰州、白银等4个市州。甘肃段的黄河治理主要集中于城市污水处理与水土保持两个方面。各市州在植树造林、水土保持、梯田建设、节水灌溉、河道治理、湿地保护、污水处理等生态项目方面不断发力，形成黄河上游地区的综合治理。

黄河宁夏段流经中卫、银川、吴忠等12个市县，宁夏段的黄河治理针对沙化、断流与污染三个方面重点开展防风固沙、节水治污与河滩整治的实践。

黄河陕西段流经延安市、榆林市和渭南市3个城市，针对毛乌素沙漠与黄土高原的水土特点，陕西段重点针对防风固沙、退耕还林与水土保持三个方面发力，实现了黄河干流泥沙量的大幅减少。黄河生态安全建设案例如表4-2-1所示。

西北地区目前首批公布的国家公园有：三江源国家公园、祁连山国家公园与大熊猫国家公园。每一个国家公园根据自身特色承担了西北地区生态安全保护的标志性作用。三江源国家公园重点保护全国乃至亚洲水生态安全，以及青藏高原生物多样性的保护；祁连山国家公园重点突出对世界高寒种质资源和野生动物迁徙的重要廊道及栖息地的保护；大熊猫国家公园重点在于增强大熊猫栖息地的连通性、协调性和完整性，实现种群稳定繁衍，强化大熊猫及其伞护的生物多样性和典型生态脆弱区整体保护。国家公园生态安全建设措施如表4-2-2所示。

表4-2-1　黄河生态安全建设案例表

类型	区段	县区	主要举措
源头综合治理	青海段：林草保护与降沙增流	玛多县	玛多县治理退化草地面积5.16万 hm^2，湿地保护面积6666 hm^2，修建防洪护岸7.48 km，治理后水质均达到国家Ⅱ类以上。
		玛曲县	玛曲县黄河生态安全治理之后，降低了黄河含沙量，每立方米含沙减少了1.8公斤，增加了黄河径流量，经玛曲的黄河年径流量增加108.1亿 m^3。
		贵德县	贵德县整改非法侵占河道设施6.5万 m^3，清除非法围堤4.6 km，清理沿河垃圾1400 t。取缔黄河干支流采砂场38处，清理非法采砂点17处。

续表4-2-1

类型	区段	县区	主要举措
上游综合整治	甘肃段：城市治污、水土保持与河道整治	临夏州	临夏州治理水土流失面积3661.7 km^2，完成人工造林20.9万亩，河道治理349 km、黄河干流河道治理45.7 km，新建绿色通道988.8 km。
		兰州市	兰州市重点开展七里河、雁儿湾与盐场堡三个污水处理厂的提标改造工作，保障城市污水出水水质达到一级A标准，另外对大砂沟、李麻沙沟等山体生态修复开展综合治理。
		白银市	白银市紧抓污染消除和水土保持两条主线，推进祖厉河全流域泥沙治理、老工业基地矿区生态恢复、腾格里沙漠南缘防风固沙三大标志工程，同步开展包括流域综合治理、矿区沉陷区综合治理、重金属污染治理等重点工程。
	宁夏段：防风固沙、节水增流与河滩整治	中卫市	中卫市重点开展黄河流域废弃矿点及下河沿遗留工矿区治理工程，同步在沙坡头区退化压砂地、腾格里沙漠东南缘等地提升改造防风固沙林1.5万亩。
		银川市	银川市开展深度节水控水行动，新增高效节水灌溉面积9000亩，主城区再生水利用率达到25%；加快黄河银川段干流滩地综合整治修复。
	陕西段：退耕还林、防风固沙与水土保持	延安市	延安市开展南泥湾国家湿地公园的修复建设，恢复稻田1500亩、修复湿地330亩，南泥湾开发区林草覆盖率达到87%，成为名副其实的"陕北好江南"；开展退耕还林措施，以年均百万亩的速度累计造林2248.19万亩，年入黄河泥沙由2.6亿t降为0.31亿t。
		榆林市	榆林市针对榆林北部长城沿线以北、毛乌素沙地南缘地区风蚀沙化严重、土壤盐碱化等问题，采取风蚀沙化区修复、盐碱地治理、退耕还林还草等措施，遏制水土流失。年入黄泥沙量由新中国成立初期的5.13亿t减少到目前的2.12亿t，全境累计治理水土流失面积1.8万 km^2。

表4-2-2　国家公园生态安全建设措施

名称	涵盖地区	生态安全措施
三江源国家公园	面积12.31万km²,覆盖玉树州治多、曲麻莱、杂多玛沁玛多和可可西里自然保护区管辖区域。	玉树州:禁塑减废,推进"全域无垃圾禁塑减废"工作。 玛沁市:严厉打击长江流域及辖区内水产资源保护区涉渔违法行为,强化源头长江流域生态环境保护。
祁连山国家公园	面积5.02万km²,其中,甘肃片区面积3.44万km²;青海片区面积1.58万km²。	甘肃片区:持续加大违法违规项目整改力度,整治盐池湾保护区生态环境问题70个,整改46宗探采矿业权,勒令其全部退出。 青海片区:完整保护高寒典型山地生态系统、水源涵养和生物多样性,不断提升生态功能。
大熊猫国家公园	面积2.71万km²,其中,陕西片区面积0.44万km²,甘肃片区面积0.26万km²,四川片区面积2.01万km²。	陕西片区:推进小水电退出,强化尾矿库治理,开展陕南硫铁矿治理,白河硫铁矿重金属污染综合治理。 甘肃片区:在与熊猫为邻的村庄实践"协议保护",建立社区共管机制,鼓励通过签订合作保护协议等方式,共同保护国家公园周边自然资源。

第三节　内陆开放

西北地区已形成了“政策区—对外开放通道—开放平台”点线面为一体的内陆开放格局。西北地区内陆开放要素见表4-3-1,西北地区开放要素布局见图4-3-1。

表4-3-1　西北地区内陆开放要素汇总表

<table>
<tr><th></th><th>政策区建设</th><th>平台建设</th><th>具体举措</th><th>通道建设</th></tr>
<tr><td>陕西</td><td>①中国自由贸易试验区(陕西)
②西安第五航权
③西安“一带一路”综合试验区
④中欧班列西安集结中心
⑤境外经贸合作园区
⑥“一带一路”文化贸易展示中心</td><td>①西安国际港务区
②宝鸡港务区
③西安航空口岸
④丝绸之路国际博览会
⑤欧亚经济论坛</td><td>①创建国家数字经济创新发展试验区,建设国家数字经济示范区,在中亚国家建设若干具有影响力的传统医学中心,推动中医药文化海外传播,推进境内外产业园区绿色化升级改造,推动绿色先进适用技术在发展中国家和地区转移转化等;
②推动西安“一带一路”综合试验区、亚欧陆海贸易大通道、中欧班列西安集结中心、自由贸易试验区、上海合作组织农业技术交流培训示范基地、西安临空经济示范区、“一带一路”大宗商品交易中心、西安丝路科创中心、“一带一路”文化贸易展示中心等</td><td rowspan="2">①依托陇海—兰新铁路的建设,构建新亚欧大陆桥,途经陕西、甘肃、青海、新疆三个省区,西安、兰州、乌鲁木齐等主要城市;
②能源合作是“一带一路”建设的重点领域之一,油气管道建设运营是其中的关键环节,西北地区是中国——中亚天然气管道、中哈石油管道、西气东输工程的必经之地;
③通过联通兰州、西宁、乌鲁木齐、西安、银川等重要城市与西部陆海新通道的衔接,强化西北地区通道与长江经济带、西南地区出海港口等的联系</td></tr>
<tr><td>宁夏</td><td>①设立内陆开放型经济试验区,是内陆地区第一个对外开放试验区、全国首个以整省域为单位的试验区(2012年)。
②银川综合保税区
③第五航权
④中国(银川)跨境电子商务综合试验区</td><td>①举办中阿经贸论坛,积极发挥其在与阿拉伯国家及世界穆斯林地区的交流合作中的作用
②银川航空口岸</td><td>①优化银川至京津冀、长三角、粤港澳大湾区及区域中心城市航线航班,布局开发新航点;
②稳定运行西向至中亚、北向至蒙古、俄罗斯的国际货运班列,扩大本地货物出口和小麦、亚麻籽、锰矿石等资源产品进口,提升班列服务本地经济的能力;
③启动银川跨境电商公共服务平台建设;
④优化开放环境,全面落实外商投资法及配套法规</td></tr>
</table>

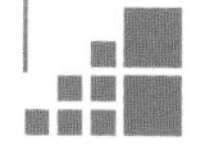

续表4-3-1

	政策区建设	平台建设	具体举措	通道建设
青海	西宁综合保税区	①西宁航空口岸 ②青洽会	①依托地理、人文、资源等优势力量，打造的“藏毯展”“环湖赛”等品牌和赛事； ②以中欧班列和“南向通道”铁海联运班列为载体，统筹运用国际国内两个市场	
新疆	①乌鲁木齐综合保税区 ②新疆塔城开放经济试验区 ③阿拉山口综合保税区 ④霍尔果斯综合保税区 ⑤喀什经济特区、综合保税区	①边境口岸：红其拉甫、卡拉苏、伊尔克什坦、吐尔尕特、木扎尔特、都拉塔、霍尔果斯、阿拉山口、巴克图、阿黑土别克、喀纳斯、红山嘴、塔克什肯、乌拉斯台、老爷庙 ②乌鲁木齐航空口岸 ③乌鲁木齐国际陆港 ④喀什航空口岸	①口岸经济。不断完善口岸基础设施建设，提升特色口岸功能，建设一批特色进出口资源加工区； ②枢纽经济。完善陆港基础设施，补齐功能短板推进粮食、钢材、棉花、木材等运贸一体化，实现“以贸补运”“以运促贸”，推动陆港区国际化、专业化、数字化发展	
甘肃	①兰州新区综合保税区 ②兰州、天水跨境电商综合试验区	①兰州航空口岸 ②兰州国际陆港 ③天水国际陆港 ④武威国际陆港 ⑤敦煌航空口岸	发挥平台作用，推动大项目、大企业向国际陆港空港、兰州新区综合保税区、国家级经济开放区等各类平台聚集	

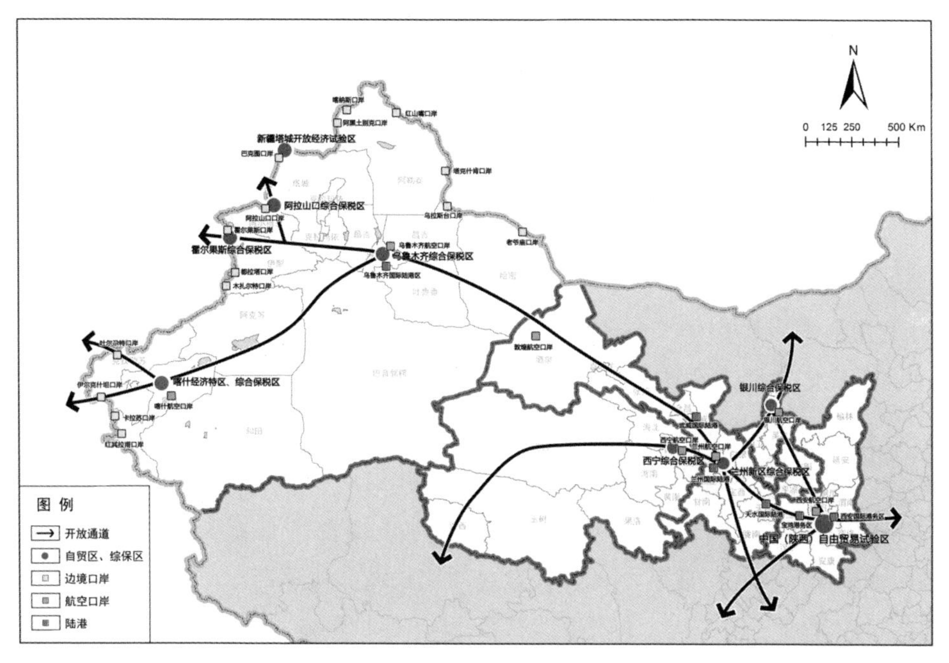

图4-3-1 西北地区开放要素布局图

第四节 文化传承

西北民族地区是中国的民族走廊，从新疆到宁夏的河套平原，再到甘青交界的河湟地区，都广泛存在着众多历史遗存。西北的长城沿线和甘青接壤地带曾是新石器时代以中原地区为中心的仰韶文化的重要部分，这里的戎狄部落文化对华夏文明的形成起到了重要的作用。西北的河西走廊和新疆的古丝绸之路，很早就是连接东西方民族的通道。青藏高原与内蒙古高原、黄土高原交错地带的河湟地区是民族聚散、交融和流动的大动脉。这里地理位置特殊，处于东西草原民族走廊和南北藏彝民族走廊的十字路口，是农业文明与游牧文明的过渡地带，还是中原通西域、东方与西方联系的必由之路。

敦煌作为东西方文化交流的中心，是通道文化的集中彰显。西北古丝绸之路、草原道、森林道等通道是西北地区串联各类文化的节点。

针对西北多元文化的特征，各地以敦煌作为文化交流的原点，开展实施各类文化工程。

1）敦煌文化工程。建成国家文物保护创新研究中心；依托敦煌研究院，将敦煌研究院建设成为世界文化遗产保护典范和敦煌学研究高地；充分利用河西走廊中华文化象征符号众多、中西方文化汇聚交融的优势，将河西走廊国家遗产线路打造成全国首条国家遗产线路。

2）长城文化工程。以甘肃嘉峪关市为中心，整合定西市、兰州市、武威市、张掖市、酒泉市等地富集的长城文化遗产，将嘉峪关长城博物馆和长城文化研究会打造为长城文化研究基地，推动“长城文化保护带”向“长城保护与文旅产业展示带”转型，活化长城文化遗产。

3）黄河文化工程。创建国家黄河文化保护创新中心（兰州），加强黄河上游生态保护、文化创新发展研究，引领甘肃在国家黄河生态文明新战略中率先发力、做好示范；建设黄河文化展示和产业集聚区。西北地区生态格局示意见图4-4-1。

第五节　高质量发展经验总结

本章阐述了西北五省区围绕高质量发展的四个维度的地方实践，总结了各省区推动高质量发展的可借鉴经验。西北地区全力落实国家高质量发展要求，按照党中央、国务院的相关工作部署，在社会民生、生态安全、内陆开放、文化传承等方面，切实系统性推动一批重大项目和地方实践。围绕社会民生方面，西北五省区从精准扶贫到巩固脱贫攻坚成果与乡村振兴相结合，切实推动了一批易地扶贫搬迁、乡村旅游扶贫、东西部协作扶贫、金融扶贫、基础设施扶贫、产业扶贫、电商扶贫项目，从六盘山区、

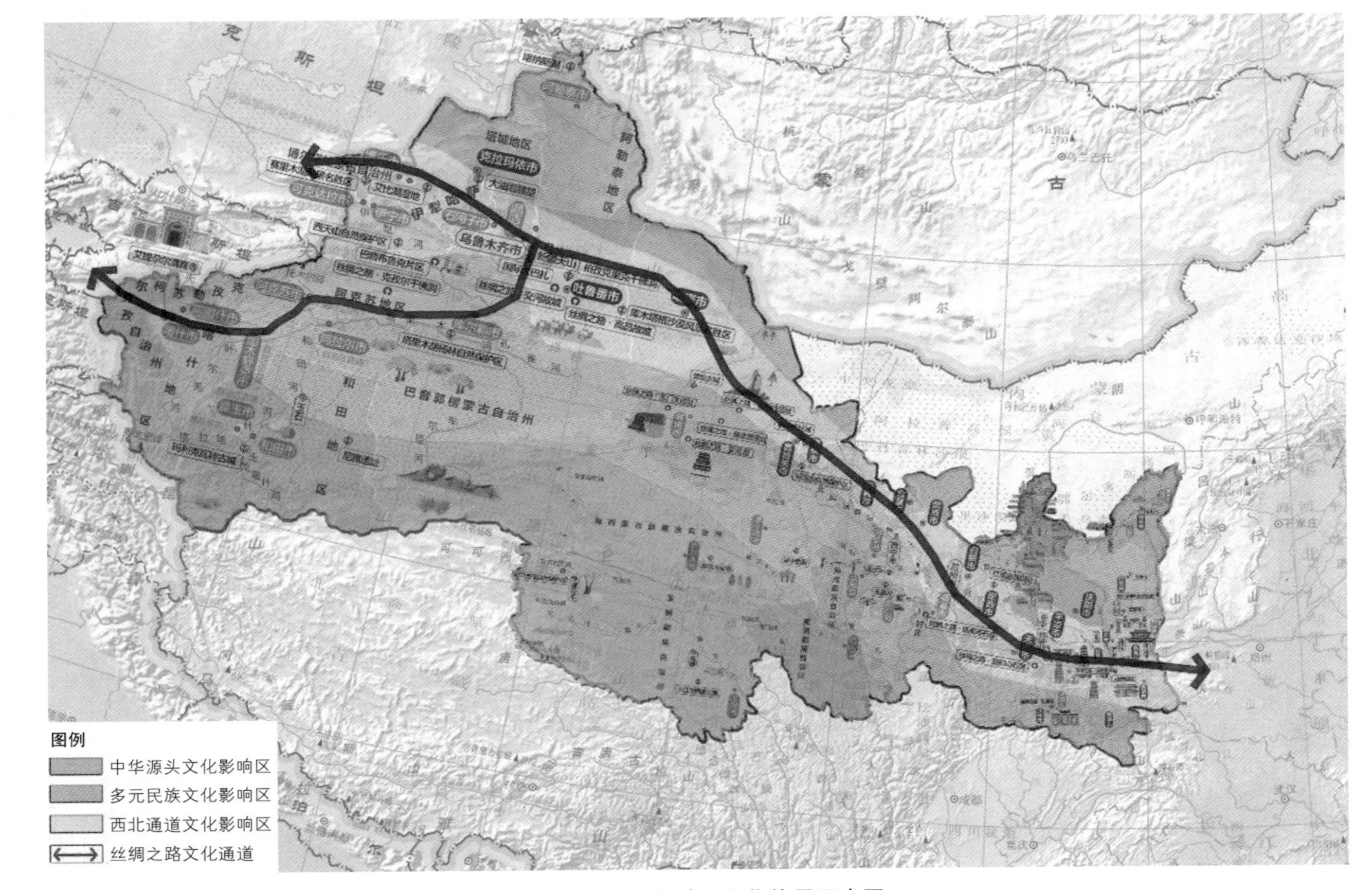

图4-4-1 西北地区文化格局示意图

秦巴山区到四省藏区，脱贫攻坚工作取得重大阶段性胜利；围绕生态安全方面，西北地区重点实践集中于黄河流域生态保护与高质量发展、国家公园建设两个方面，开展了一批源头综合治理、上游综合整治项目，高效推动三江源、祁连山、大熊猫国家公园建设；围绕创新开放方面，西北地区已经形成了“政策区—对外开放通道—开放平台”为主体的点线面一体化内陆开放格局，一批政策区落地建设，数条开放通道不断巩固提升，一系列内外交流平台高水平运营，呈现内陆开放的新局面；围绕文化传承方面，西北地区重点积极推动黄河文化、长城文化、敦煌文化建设工程，有效提升了西北地区的文化影响力。

参考文献

[1] 田澍,胡睿.河西走廊:明朝成功管控西北边疆的锁钥[J].中国边疆史地研究,2020,30(4):15-27.

[2] 李治亭.论清代边疆问题与国家“大一统”[J].云南师范大学学报:哲学社会科学版,2011,43(1):1-11.

[3] 张付新.清代治疆方略与我国西北边疆安全[J].西部发展研究,2018(1):152-175.

[4] 杜达山.“西北四马”军阀割据形成的社会原因探析[J].中南民族学院学报:哲学社会科学版,1993(5):71-75.

[5] 脱脱,阿鲁图.百衲本二十四史宋史[M].北京:商务印书馆,1934.

[6] 李恒.当前中国面临的恐怖主义态势、特点与应对策略[J].山东警察学院学报,2019,31(6):108-117.

[7] 王超强.大数据视域下我国暴恐犯罪侦查治理研究[J].辽宁公安司法管理干部学院学报,2020(2):1-8.

[8] 王超强.大数据视域下我国暴恐犯罪侦查治理研究[J].辽宁公安司法管理干部学院学报,2020(2):1-8.

[9] 阿不力克木·阿布都热衣木.当前新疆反恐维稳面临的形势及对策思考[J].新疆警察学院学报,2015,35(2):3-8.

[10] 李恒.当前中国面临的恐怖主义态势、特点与应对策略[J].山东警察学院学报,2019,31(6):108-117.

[11] 国务院.“十三五”现代综合交通运输体系发展规划[EB/OL].(2017-02-28)[2022-03-10].http://www.gov.cn/home/2017-02/28/content_5171781.htm.

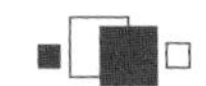

[12] 赵翊."一带一路"背景下宁夏经济加快发展与协调发展研究[J].北方民族大学学报:哲学社会科学版, 2020(2):151-155.

[13] 郭泽呈,魏伟,石培基, 等.中国西北干旱区土地沙漠化敏感性时空格局[J].地理学报,2020,75(9): 1948-1965.

[14] 王浩.西部大开发战略下的西北水资源开发、利用与保护[J].中国水利水电科学研究院, 2004(01):17-21.

[15] 周莹, 尚志强, 贾彪.西北地区水资源现状及存在的问题[J].内蒙古水利, 2012(4):37-39.

[16] 张艳玲.渭河中下游区径流变化特性及非汛期径流量预报研究[J].陕西水利,2010(2):30-33.

[17] 祁芯.渭河流域甘肃段地表水资源空间分布研究[J].水利规划与设计,2021(2):38-40.

[18] 师守祥.中国西北地区水资源可持续利用的问题与对策[J].西北师范大学学报:自然科学版, 2001(04):93-98.

[19] 国务院.全国主体功能区规划——构建高效、协调、可持续的国土空间开发格局[EB/OL].(2010-12-21)[2022-03-10]. http://www.gov.cn/zhengce/content/2011-06/08/content_1441.htm.

[20] 曹巍,刘璐璐,吴丹,等.三江源国家公园生态功能时空分异特征及其重要性辨识[J].生态学报, 2019,39(4):1361-1374.

[21] 纪玲玲,申双和,郭安红, 等."三江源"气候变化及其对湿地影响的研究综述[J].吉林气象,2009(01):14-17+43.

[22] 石三娥.西北五省生态环境脆弱性时空演变研究[D].兰州:西北师范大学,2019.

[23] 李一辰,王春晓.中国西北地区水鸟保护优先区与空缺分析[J].湿地科学与管理,2020,16(3):53-58.

[24] 高峰,李娜,白光祖,等.西北典型生态脆弱区环境修复与示范实施

方案[R]. 2012.

[25] 李虹. 中国生态脆弱区的生态贫困与生态资本研究[D]. 成都:西南财经大学,2011.

[26] 左可贵. 西北六省非耕地农业开发制约因素及市场战略研究[D]. 武汉:华中农业大学,2014.

[27] 牛飞亮,张卫明. 西北地区战略能源——21世纪初期中国经济可持续发展的保障[J]. 科学经济社会,2008(03):3-6+10.

[28] 陶玉枝. 动态联立方程组下能源供求及效率关系的研究[D]. 漳州:闽南师范大学,2015.

[29] 王贻芳,白云翔. 发展国家重大科技基础设施 引领国际科技创新[J]. 管理世界,2020,36(05):172-188+17.

[30] 魏博阳. 西北地区煤炭供求变化对经济高质量发展影响研究[D]. 西安:西北大学,2019.

[31] 吴磊,许剑. 论能源安全的公共产品属性与能源安全共同体构建[J]. 国际安全研究,2020,38(05):3-28+157.

[32] 宣昌勇,孙军. 双循环新格局下口岸物流辐射与区域协调发展[J]. 江海学刊,2020(05):242-247.

[33] 张磊. 中国西北陆路能源通道构建的重大国际战略意义[J]. 东北亚论坛,2013,22(03):108-114+129.

[34] 张敏,刘养洁. 中国能源进口通道的合理性分析[J]. 经济研究导刊,2015(12):265-267.

[35] 张晓燕,孙志忠. 西北地区能源消费、经济增长与碳排放的关系研究[J]. 石河子大学学报:哲学社会科学版,2014,28(01):76-84.

[36] 张新花. 中国的中亚能源策略[D]. 乌鲁木齐:新疆大学,2009.

[37] 张桂桂. 浅谈先秦时期西北的开发[J]. 牡丹江师范学院学报:哲学社会科学版,2012,(6):40-42.

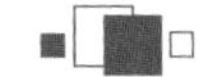

[38] 王国璎.中国文学史新讲[M].北京:中信出版集团,2018.

[39] 司马迁.史记·六国年表[M].北京:国家图书馆出版社,2017.

[40] 童书业.姬姜与氐羌[M].北京:中华书局,1962.

[41] 顾颉刚.从古籍中探索我国的西部民族——羌族[J].社会科学战线,1980,(1):117-152.

[42] 张一平.丝绸之路[M].北京:五洲传播出版社,2005.

[43] 佟赟康.丝绸之路与东西方文化交流[J].文化学刊,2018(05):140-142.

[44] 吕建福.西北少数民族宗教文化的基本特点及其地位和作用[J].西北民族论丛,2007(00):143-159.

[45] 杨令平.西北地区县域义务教育均衡发展进程中的政府行为研究[D].西安:陕西师范大学,2012.

[46] 史仲文,胡晓林.中国全史百卷本·远古暨三代经济史[M].北京:中国书籍出版社,2011.

[47] 苏海洋.论马家窑文化形成的动因及传播路线[J].青海民族大学学报:社会科学版,2019,45(01):103-108.

[48] 韩建业.齐家文化的发展演变:文化互动与欧亚背景[J].文物,2019(07):60-65.

[49] 宋涛.齐家文化的经济形态和社会性质[J].甘肃社会科学,1993(05):77.

[50] 赵吉惠.秦汉时期中国文化格局的形成[J].陕西师大学报:哲学社会科学版,1995(03):47.

[51] 崔一楠,喻双全.三线建设与青海城镇发展研究[J].当代中国史研究,2020,27(03):115-126+159.

[52] 何靖雯,郭俊良,王心悦,等.太阳能在西北地区的应用调查[J].决策探索(下半月),2017(05):44-45.

[53] 洪菊花，骆华松，梁茂林．主体间性视角下的“一带一路”能源安全共同体研究[J]．世界地理研究，2017，26(02)：11-19.

[54] 李品，张金锁．区域能源供给安全水平动态性评价——以西北和东北能源富集区为例[J]．西安科技大学学报，2019，39(01)：152-159.

[55] 李睿思．哈俄关系发展趋势及对“一带一路”影响分析[J]．北方论丛，2021(01)：41-51+146.

[56] 李志伟．“一带一路”视域下京津冀港口群发展路径研究[J]．河北学刊，2016，36(03)：139-144.

[57] 马巍，朱元林，徐学祖．冻土工程国家重点实验室的回顾与展望[J]．冰川冻土，1998(03)：72-80.

[58] 张强，姚玉璧，李耀辉，等．中国西北地区干旱气象灾害监测预警与减灾技术研究进展及其展望[J]．地球科学进展，2015，30(02)：196-213.

[59] 原伟鹏，孙慧．改革开放40年我国西北地区经济高质量发展评价[J]．新疆大学学报：哲学·人文社会科学版，2021，49(01)：23-33.

[60] 苏旭峰，冉启英．西北地区城镇化系统耦合协调发展分析——基于高质量发展视角[J]．技术经济与管理研究，2021(10)：98-103.

[61] 李同昇，陈谢扬，芮旸，等．西北地区生态保护与高质量发展协同推进的策略和路径[J]．经济地理，2021，41(10)：154-164.

[62] 草珺．社会主义教育公平观及其实践对策研究[D]．兰州：兰州大学，2017.

[63] 张晓燕，孙志忠．西北地区能源消费、经济增长与碳排放的关系研究[J]．石河子大学学报：哲学社会科学版，2014，28(01)：76-84.

[64] 高云虹，张彦淑，杨明婕．西部大开发20年：西北地区与西南地区的对比[J]．区域经济评论，2020(05)：36-51.

[65] 王雪冬．我国西北地区文旅产业扶贫的可持续发展问题研究——以黄河上游甘、宁、青三省(区)为例[J]．科学经济社会，2020，38(03)：7-11+18.

[66] 吴欣. 西北地区东部县城公益性公共设施适宜性规划指标体系研究[D]. 西安:西安建筑科技大学,2013.

[67] 鲁大铭,石育中,李文龙, 等.西北地区县域脆弱性时空格局演变[J].地理科学进展,2017,36(04):404-415.

[68] 汪永臻,曾刚.西北地区文化产业和旅游产业耦合发展的实证研究[J].经济地理,2020,40(03):234-240.

[69] Chen J, Gao M, Cheng S, et al. County-level CO_2 emissions and sequestration in China during 1997—2017 [J]. Scientific Data, 2020, 7: 391.

[70] 徐新良. 中国陆地生态系统服务价值空间分布数据集[DB/OL]. (2018-06-05) [2022-3-10]. http://www. resdc. cn/DOI, 2018. DOI: 10.12078/2018060503.